FUKSAS

福克萨斯建筑设计作品集

FUKSAS

福克萨斯建筑设计作品集

（意）福克萨斯建筑设计事务所 / 著　　李楠 / 译

广西师范大学出版社　images
· 桂林 ·　Publishing

图书在版编目(CIP)数据

福克萨斯建筑设计作品集／意大利福克萨斯建筑设计事务所
(FUKSAS)著;李楠译.—桂林:广西师范大学出版社,2017.4
(著名建筑事务所系列)
ISBN 978 - 7 - 5495 - 9000 - 1

Ⅰ.①福… Ⅱ.①意… ②李… Ⅲ.①建筑设计－作品集－意大
利－现代 Ⅳ.①TU206

中国版本图书馆 CIP 数据核字(2016)第 264555 号

出 品 人:刘广汉
责任编辑:肖 莉 季 慧
版式设计:吴 茜
广西师范大学出版社出版发行

(广西桂林市中华路 22 号　　　邮政编码:541001)
(网址:http://www.bbtpress.com)

出版人:张艺兵
全国新华书店经销
销售热线:021 - 31260822 - 882/883
恒美印务(广州)有限公司印刷
(广州市南沙区环市大道南路 334 号　邮编码:511458)
开本:635mm×965mm　　1/8
印张:32　　　　　字数:20 千字
2017 年 4 月第 1 版　　2017 年 4 月第 1 次印刷
定价:268.00 元

CONTENTS 目录

6   福克萨斯建筑事务所

12   新罗马会议中心及"云"酒店

22   莱克公园音乐厅及展览厅

30   深圳宝安国际机场，3号航站楼

44   商务花园华沙酒店

52   前联合部队大楼修复工程

62   法国国家档案馆

72   第比利斯公共服务大厅

80   乔治斯弗雷切酒店管理学院

92   里昂岛

100   阿德米兰特购物中心入口

110   第五大道阿玛尼店

118   采尔购物中心

132   圣保罗教堂

144   佩雷斯和平之家

156   美因茨市场公寓11—13

164   斯特拉斯堡天顶音乐厅

170   亚眠天顶音乐厅

176   德科集团总部

182   阿玛尼银座塔

190   新米兰贸易博览馆

208   纳尔迪尼研究中心及礼堂

220   法拉利总部及研究中心

230   香港遮打大厦阿玛尼店

238   双子塔

244   涂鸦博物馆入口

248   公司简介

254   照片版权信息

255   项目列表

福克萨斯建筑事务所

20世纪60年代期间，纽约评论员克莱门特·格林伯格长期统治了美国艺坛，他支持艺术的分离和他们各自门类的纯粹。图画的主题是绘画本身——绘画的运用，颜色和笔触。绘画不应是空间幻觉，而应是平面的。绘画应该是它本身，不代表绘画之外任何事。一幅作品，它的统一应该是立即显现出来的，图画应该是"一次性"的，看一眼就能让人心领神会。

格林伯格将马希米亚诺·福克萨斯排除在外。福克萨斯是位画家，也是位建筑师；他将建筑图嵌入绘画，同时又在他的建筑中体现他画家般的姿态和对艺术的感受。但格林伯格可能不会觉得有趣。

但是过去25年中，福克萨斯在这两种身份上都做得非常好。可以说，最具创新精神建筑的建筑师可以融合其他领域，打破艺术门类的局限。扎哈·哈迪德受到至上主义的影响。伯纳德·屈米受到行为艺术的影响。

彼得·艾森曼引入了解构主义，丹尼尔·利贝斯金德吸收了现象学和文本性，弗兰克·盖里受到光线和南加利福尼亚空间艺术家的影响，库柏·西梅布芬事务所的沃尔夫·普瑞克斯受到摇滚乐爆炸性的强烈影响，法国建筑师克劳德·帕朗则吸收了哲学和艺术。全新一代建筑师已经将本打算用于其他领域的外来程序的算法引入办公室和围墙上：这些建筑师有格雷格·林恩、哈尼·拉什德、丽斯·安妮·康特尔、杰西·雷泽。

总体上来说，建筑师避开建筑史，与历史上的后现代主义者断绝关系。他们没有引用帕拉迪奥去产生更多的帕拉迪奥，将建筑保留在传统领域里，而是将建筑作为一种思想体系引入到其他体系中，融合各种领域，从其他角度看待建筑，将建筑发展成不同分支。

结果，生物学家称之为"融合优势"。对于福克萨斯和同事们，建筑不是一座岛屿，而是其他体系能促进它发展的一个公开体系。福克萨斯和这些人一样广泛地吸收周围的当代文化，而不是主要从更遥远、更冷漠的过去吸取教训。他过去是，现在也是，在充满热情的当下进行设计。

如果是在意大利背景下，福克萨斯的所做之事并不稀奇。文艺复兴时期的人，比如列奥纳多·达·芬奇和米开朗基罗横跨艺术界。几乎全意大利的画家都在墙壁和天花板壁画上延续真正的建筑细节，使幻想同现实的界限模糊不清。这些门类不是分开的，而是重叠在一起，相互补充。福克萨斯只是运用抽象主义而不是表现形式，更新了文艺复兴时期人们的传统。

但是，近代的艺术大家和建筑大师还在虔诚地划分艺术学科。理查德·塞拉曾说，建筑师做不出雕塑，加了水管的作品根本不能成为雕塑。菲利普·约翰逊也承认，他从来不让自己收集的艺术品影响到他的设计。

但是福克萨斯不是一位写实主义者：他没把艺术转变成建筑（反之亦然），像勒·柯布西耶一样，他的绘画严肃且有规律。但是勒·柯布西耶的确把他平静的生活最大程度上转变成设计，转变成可称为建筑的餐桌摆设——比如马赛公寓上的屋顶景观。甚至他为昌迪加尔设计的总平面图都像是画中摆放的微型建筑。

从字面上来看，福克萨斯没有将丰富的抽象主义转变为建筑，两者关系更微妙。大多数绘画作品将建筑或者建筑方案结合粉刷、上色、染污、笔触、细节的表达，有时结合铅笔笔法。他的绘画作品大多是丙烯画，可能引起安塞尔姆·基弗、威廉·德·库宁，还可能是赛·托姆布雷的共鸣，但是他们大多源自福克萨斯本身的积极态度和富有创造力的想象。

他不像其他人，没有真正将另一学科引入到这个领域，但无论是绘画还是建筑方面，他都像一位艺术家一样工作着。他有着艺术敏锐度，在每一次客户的委托中都能发现艺术表达的潜力。

他的绘画让人出乎意料，又有情绪多变的特点，他的建筑又能唤起人们的情感，似乎是建筑物将这些情感吸收到建筑结构当中。然而具有讽刺意味的是，他画风确实自由奔放，抽象又富有表现力，在格林伯格看来，甚至可能是抽象的表现主义者——除了呈现建筑表现以外。他的绘画令人感官愉快，色彩浓厚，勾勒姿势，美丽生动。读者的眼睛扫过画布，便能捕捉到独立的重力中心，有即时性和"一次性"。

如果说建筑师的绘画是他们进入建筑的垫脚石，那么可以推测出福克萨斯的绘画则是冥想，甚至是刺激他进入创新领域的根本。当然，福克萨斯的确以自由的风格绘制建筑图，但是这些绘图不是梦幻的，而是能引起感情共鸣的，与他的绘画相仿，他的建筑分布自由，却出人意料。无论怎样，他的建筑并非表面意义的表述，更像是梦想的痛苦挣扎。

在接受客户委托后，福克萨斯总是会阅读所有的设计纲要、分区规划要求和设计规范。但是对于他来说，对付规章制度最好的办法就是以强烈的欲望像个挥舞着画笔的四岁孩童一样在帆布或是白纸上尽情挥洒。这些绘画作品色彩浓厚，自然流畅，以饱满的情感将建筑设计探索推向恰到好处的表达。

很有可能在进行建筑设计的时候，福克萨斯并不是将绘画的主题转化为建筑，而是单纯地在通过另一种方式释放绘画的能量。无论如何，绘画的热情都清楚地表明艺术家沉浸在绘画中，沉浸在培养的情感当中。他将自己的情感视觉化，构建起来，最终传达出情感的力量。

艺术家真的不能抛开性情和性格去工作，这是艺术作品不成文且无法成文的事实。如果说福克萨斯将其绘画的迫切情感带入建筑领域，他也只是在忠于自己。他所进行的两门艺术，都有一个相关的冲动，而他并没有在两种艺术的相互转换中丢掉各自的强度。在他的建筑作品中，越是近期的建筑其轮廓感便越加强烈，弯曲幅度越大，充满动感、突兀，却又不失活力。他的绘画和设计不能在图像的重叠中共享事实，但是他们能共享本质。

如果细看福克萨斯的作品，比如法兰克福采尔购物中心或者第五大道阿玛尼展厅，就能感受到在压缩和膨胀、紧张和松弛的恒定状态下，形式和空间纯粹的能量和曲线的强度。纷乱的环境使人回想起福克萨斯在画布上创作的更小的风暴。如果不是确切的形式，那么他建立起的就是绘画的感官。

仅当读者的眼睛在他的画布上移动，漫游在这些空间中，知觉便提示着感官系统，提升身体的体验。绘画的感官享受转移为空间的享受。福克萨斯创造了这些空间世界。也许绘画给予他品味，能分离和解放自己，从一天到另一天，从重力的需求，从理查德·塞拉称之为"水管"的事物。通过绘画来实践自由是一门发明的学科。

福克萨斯工作室具有双重身份。自1985年起，马西米利亚诺与妻子兼商业合伙人多瑞安娜一起构思每一个项目，所以很难区分各自的贡献。福克萨斯说他没有统一的风格，但是从一开始他在建筑中就展示了与他绘画一样优雅的凶猛。但是，建筑方面的技术进步，尤其是计算工具，使得马西米利亚诺与多瑞安娜能够更完整地实现热情，在绘画中实现他们在探索和检验的情感。

马西米利亚诺与多瑞安娜从矩形世界出发，但是即便是在那个世界中，也暗藏着对情感动人的建筑和艺术敏锐度的探索。意大利福利尼奥的圣保罗教堂的混凝土表皮让人感到压抑，光线穿过带有棱角的古怪窗户，投射在混凝土墙壁上形成了不规则的四边形，显得十分神秘。

马西米利亚诺和多瑞安娜对最有抗性的高层建筑类型饱含兴趣与激情。42层的皮埃蒙特大区塔，邻近灵格托地区，在马西米利亚诺和多瑞安娜设计的城市总体规划中，是一个透明的镀铝玻璃棱柱结构，充满了直角的力量和柏拉图式的简明。双层玻璃的立面搭配建筑内部多层对角主椽，折射光线产生了随一天内时间变化而变化的明暗对比效果——这种效果因许多文艺复兴时期和巴洛克画家与建筑师而闻名。这里，玻璃帷幕后侧的效果产生于一种现代材料。这种材料形成了源自20世纪抽象主义传统的"画家般"棱角结构。在一栋独立的稍小型建筑内部设有会议中心和图书馆。皮埃蒙特大区塔改变了都灵的城市天际线，就像20世纪50年代皮瑞里大厦和维拉斯加塔楼改变了米兰的天际线一样。

中国深圳国信证券塔设计于2010年，是皮埃蒙特大区塔立面分开的对角线的内在化。建筑师建造了一个烟囱般的空隙，在立面内向上延伸，垂直的"Z"字形经塔的整个高度240米，一直延伸至顶端平台。这样的设计除了在视觉上使立面充满动态，给予建筑独特的标签。尤其在夜晚，空隙将不同高度和体积的公共空间与建筑连接，同时建立起因楼层间的地板而形成的带状区域的视觉联系。这样的立面不禁使人想起卢齐欧·封塔纳割开的画布。

福克萨斯工作室建造的突破性建筑之一是建于2004年的纳尔迪尼研究和演艺中心。该建筑位于威尼斯附近，内部建造了大型封闭玻璃胶囊，立即彰显复杂、精致和平民化。

升高舱让人想起阿基格拉姆卡通般的作品，但是第二眼看去便能发现建筑形式和空间的复杂混合，在建筑中产生了稀有的环境错乱，形成了作品的独特之处。在杰克逊·波洛克或者德·库宁的作品中更容易发现同样的视觉错乱。

马西米利亚诺与多瑞安娜通过纳尔迪尼项目进入了曲线的世界，该建筑的几何结果让人催眠；曲线融入曲线，当然，在意大利，反复的曲线呼应了巴洛克式建筑，这一点对罗马人而言特别重要。

罗马巴洛克风格的一个特别符合但却遭到忽视的先例是圣彼得大教堂的波浪形屋顶，是在更受到控制和非常威严的内部结构上"浮动"的波浪的海景。

它的屋顶，不是真正被设计出来的，但却表达了建筑内部的穹顶，在边缘失去控制，延伸向天际。圣彼得教堂屋顶是波状屋顶的一个颇为吸引人的参考案例，在福克萨斯很多近期项目中都能找到它的影子，尤其是澳大利亚论坛——一个在澳大利亚堪培拉的新扩建的会展中心，包括大厅、展览区和宴会厅，将于2020年完工。波状屋顶在论坛建筑的楼顶、裙楼和平台上都得到了应用。

福克萨斯工作室设计的屋顶经过计算机运算是可行的，但是由于马西米利亚诺画中的混乱受到期待。在新米兰交易展览会项目中，长长的玻璃屋顶在建筑的中脊上方呈波浪形，贯穿空间，似乎比空气还要轻。

在米兰，福克萨斯有极大的空间，能够雄心勃勃地设计同样的屋顶。他们在下方的空间中设置了一些玻璃小孔，形成特殊又极具戏剧性的时刻。空间框架有着像尼龙织成的网格，仿若对来自于另一个时代严谨合理空间框架的诉求。屋顶设计也许看起来并不需要太多考量，但是它成功的完工需要精湛的计算机技术与制造商和承建商的紧密合作。

随着完成越来越多雄心勃勃的项目，马西米利亚诺与多瑞安娜学到了更多的专业知识，自身得到了很大提升，也开始使用电脑来绘画。许多建筑师都成功设计

了不会影响建筑总平面规划的波浪形屋顶，比如卢浮宫的新伊斯兰艺术侧厅上方的玻璃"头巾"。

在这方面，福克萨斯工作室做出了贡献，他们在屋顶或者墙壁上设计了小孔和其他充满弹性的结构，使建筑立面更具传统意味，通过直线与曲线、扩张与压缩、静止与流动的并列形式创造了实验性与尽显张力的时刻。以采尔购物中心为例，在这一部分显得尤为丰富，几乎接近雷姆·库哈斯所谓的"错乱"。

新罗马欧洲会展中心和酒店占地55000平方米，面积如此之大以至于需要一个总体上较为传统的结构。建筑师采用了高度有条理的直角，产生曲面、立方体，以及表面非常平滑的玻璃对接的结构：形成了正确的角度的效果。但是在会展中心内部的大型展厅的设计上，建筑师则建造了一个巨大的贝壳般的壳，用在钢骨间，延展的结构在内部建起了礼堂和会议露台。这个壳位于巨型空间的中心，仿若在一个理性的笛卡尔结构中展现出的处于自然状态的想象。无论是作为雕塑还是作为建筑，或者是两者皆有，这个结构都展示了建筑师强烈的艺术冲动。

所以说，当项目委托方需要传统结构时，马西米利亚诺和多瑞安娜会做出回应，但又总是在寻找机会引导强烈情感冲动融合的艺术推动力。他们的设计作品不会让人觉得分离而遥远，而是身临其境的经验。像是在圣保罗教堂的氛围中，或者在意大利锡拉库扎的希腊剧院的极具反射的舞台，马西米利亚诺和多瑞安娜的作品都在寻求一种恰当的情感内容，为项目增色。

他们通过建筑中所有设备来培养主观性：形式、空间、光线、色彩和表面。有人说，从建筑师如何处理书架或者楼梯中就可以判断出他的水平。随着中国的现代化和需要上千工人的空前巨大规模项目的增多，可以说现在建筑师的水平能够从他们最新设计的机场来判断。

福克萨斯工作室最近建成深圳宝安国际机场，虽然项目规模庞大，但却带来了和马西米利亚诺的绘画和稍小型建筑作品同样的强度。机场顶部和墙壁设计成一个带有复合曲线的曲线构架，在彼此间内外流动，形成柔和而壮观的空间，还在天花板上形成了引人入胜的图案。

机场建筑内部没有立柱设计，而是在有必要支撑之处将屋顶降下来形成支撑结构，所形成的空间体现出了巨大的独立性。除了机场建筑通常需要的隔音性能以及其本身的巨大规模，该机场的设计尽显优雅和力量之感，给人带来巨大的惊喜。深圳宝安机场的设计并没有受到使用计算机设计而带来的光泽感的破坏。马歇尔·麦克卢汉曾经撰写过关于冷暖媒介的文章，他认为用计算机设计的建筑常常是尽善尽美的，因此让人感觉疏远。但在马希米亚诺·福克萨斯的手中，计算机反而作为暖媒介，也许是因为他在画架上设计过，计算机将小画布上的自发性传递到更大的结构上。福克萨斯是两门学科和两种语言的大师，传递着相似的讯息。

约瑟夫·焦万尼尼

新罗马会议中心及"云"酒店

该建筑将建在欧洲一个历史性的战略区域上，建筑面积达55000平方米。三个图像简要解释了设计概念:"膜""云"和酒店的"叶片"。"膜"，纵向看来，是容器，设计采用钢筋和双层玻璃结构，容纳着云。"云"是项目的核心。在"膜"的"盒子"中收缩，突出显示了一个没有约束、自由空间的接合与定义明确的几何形状之间的比较。

"云"的内部有一个可容纳1850人的礼堂、快餐区以及礼堂的后勤服务区。毫无疑问，"云"是一个具有独特建筑元素的项目:钢筋结构的支架，覆盖着一张15000平方米的透明帘，视觉效果非凡。"叶片"是一个拥有439间客房的酒店，带有独立自主的结构。在建筑的地下一层设计师计划建造一个具有600个停车位的停车场。

凭借创新的后勤方案和选择先进的技术材料，新一届国会中心将是一个具有非凡艺术价值的杰作。楼体设计高度灵活，能够承办大会，举行展览，容纳近9000个席位。礼堂内的"云"可以容纳1850个席位，大型会议室能容纳6500个席位。

新国会中心应用了生态设计，这是减少能源消耗的极佳选择。运用变速流空调的气候控制系统将投入使用。膜的表面会有一系列的光伏板，能提供电力，通过缓解太阳辐射，防止建筑过热，以及促成重要的能量存储。

地点 / 意大利罗马
客户 / EUR集团
时间 / 1998—2016

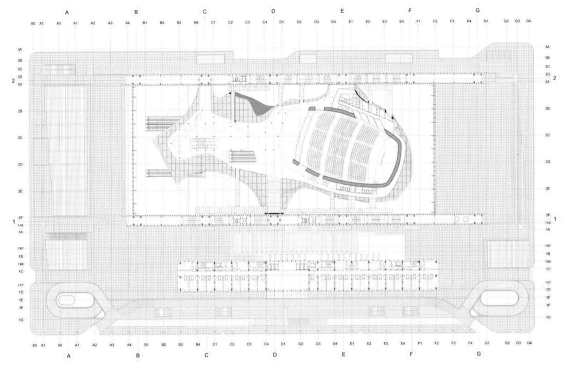

四层平面图

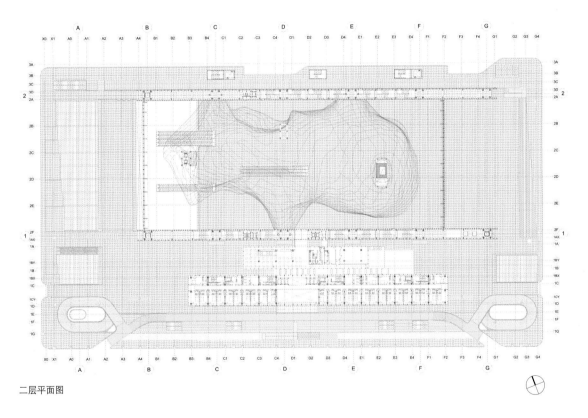

二层平面图

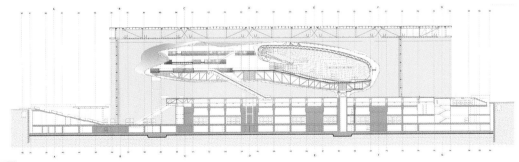

剖面图

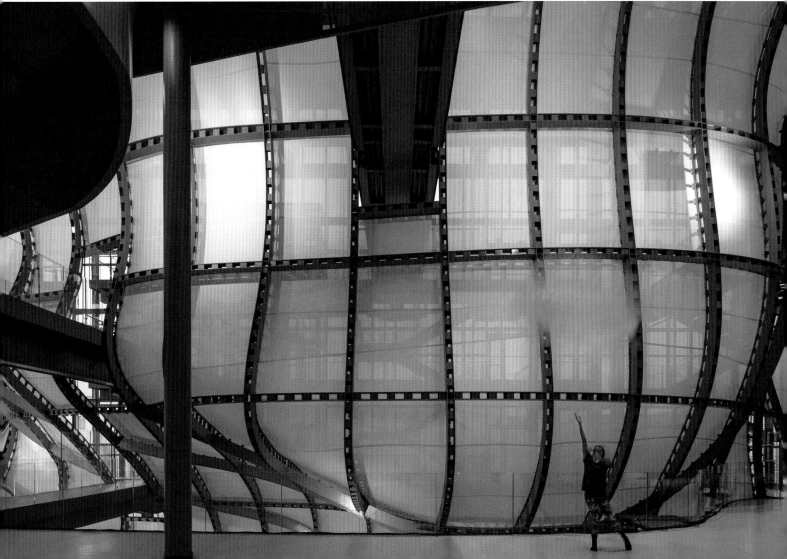

莱克公园音乐厅
及展览厅

项目坐落于格鲁吉亚第比利斯的绿化空间莱克公园内。该建筑由两个不同的部分组成，由挡土墙相连成一个整体。每个部分都有自己的功能：音乐厅和展览厅。北侧建筑包括了音乐厅大厅（566个座位）、门厅和许多设备，以及音乐厅机器所在的技术空间和不同的储物间。音乐厅大厅悬空于地面，使门厅和自助餐厅里的人们拥有良好的视野，能看到河流和城市天际线。这是一个朝向城市的潜望镜，它面对着框定了老第比利斯历史核心的河流。展览厅敞开了一个连接坡道的巨大入口，便于街上的人流涌向会场。

地点 / 格鲁吉亚第比利斯
客户 / 第比利斯发展基金会
时间 / 2010—2016

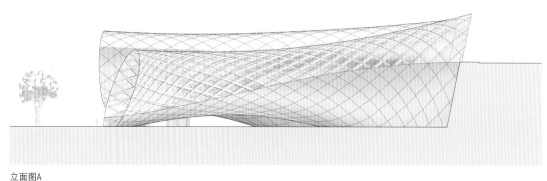

立面图A

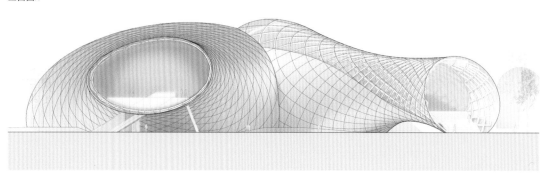

立面图B

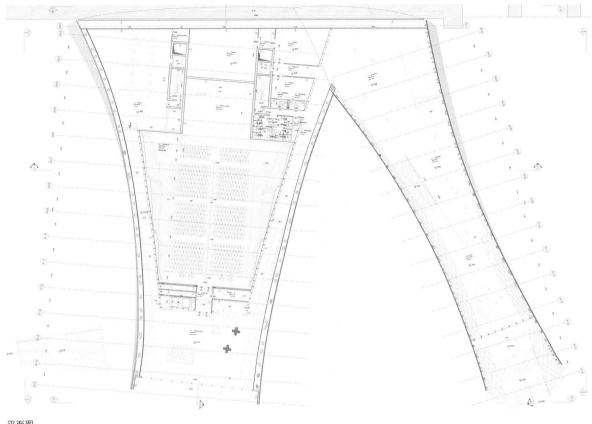

平面图

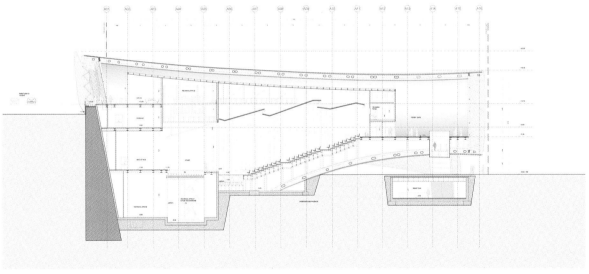

剖面图

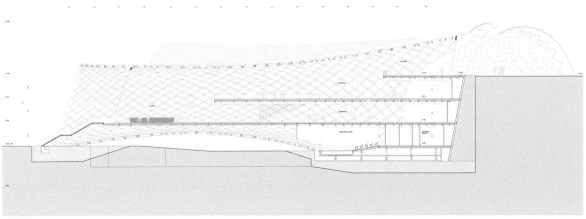

剖面图

莱克公园音乐厅及展览厅

莱克公园音乐厅及展览厅

深圳宝安国际机场，
3号航站楼

深圳宝安国际机场3号航站楼的设计理念让人想起蝙鲼的形象——这是一种生物能呼吸和改变自己形状的生物。经过设计师的一系列的设计，巨大的蝙鲼形航站楼就像大鸟一样振翅欲飞。

3号航站楼的结构是一条约1.5千米长的隧道，很像一座有机形状的雕塑。屋面轮廓的特点是不断变化的高度，与周围的自然景观相呼应。

设计的象征性元素是包裹着建筑的双层"表皮"上的蜂巢主题结构。这两层"表皮"可以让自然光照射进来，从而在室内空间中创造明亮的效果。覆层由蜂窝形状的金属板和部分开启的大小不同的玻璃板组成。

乘客通过建筑巨大"尾巴"下方的入口进入航站楼。宽敞的航站楼内最大的特点是采用了圆锥形的白色支撑柱，它们向上延伸，一直到达屋顶，就好像大教堂的内部结构。航站楼的一楼广场通往行李托运处、出港区、进港区，以及咖啡馆、餐厅、办公室和商务设施。出港厅设有办理登机手续的柜台、航空公司信息台和几个服务台。出港厅二层和三层在室内空间的不同楼层之间建立起了视觉联系，为自然光创造了一条通道。办理登机手续后，乘客就可以到不同楼层寻找自己的登机口了。

大厅是机场的关键区域，共有三个楼层。每个楼层的功能都不同，分别为出港区、进港区和服务区。大厅的管形设计采用了运动的概念。"交叉点"是大厅三个楼层与通高的空间垂直方向的连接处，通高的空间允许自然光从最高处照射下来，经过过滤，照射到一层连接处的候机厅。

蜂窝主题结构被转移和复制到了室内设计中。面对面的商铺设置以更大的规模再现了蜂窝式设计，并以不同的结构出现在大厅中。

室内设计由福克萨斯建筑事务所负责，包括上网区、登机手续办理区、安检口、登机口和护照检查区。航站楼的室内轮廓设计研究，以不锈钢饰面反射并强化了室内"表皮"的蜂窝主题结构。

设计师特别设计了独具特色的树形雕塑，用来容纳航站楼和大厅内的所有空调。这些雕塑复制了无定形的设计，灵感源自大自然。行李认领处和信息台也采用了相同的设计。

地点 / 中国深圳
客户 / 深圳机场（集团）有限公司
时间 / 2008—2013

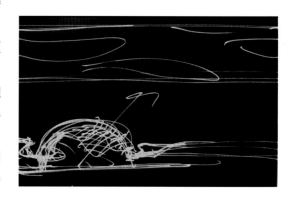

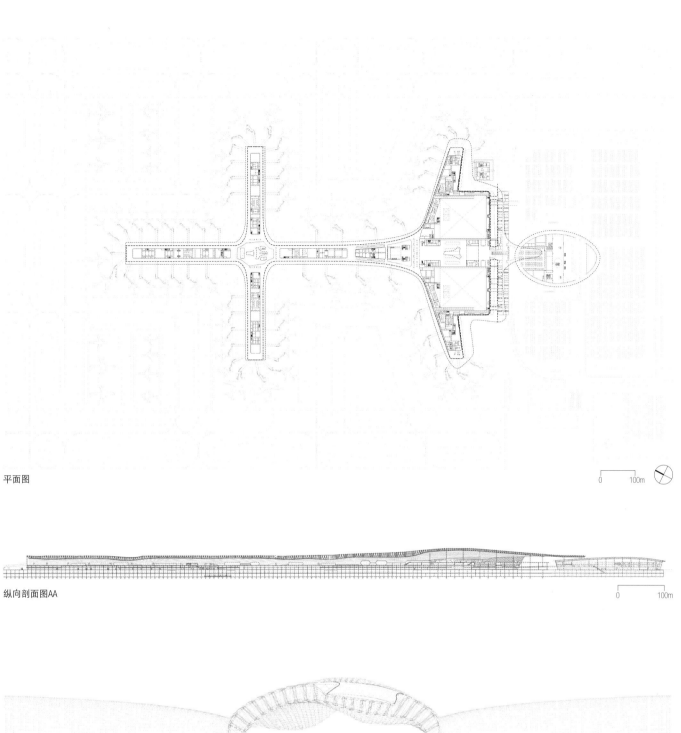

平面图

0   100m

纵向剖面图AA

0   100m

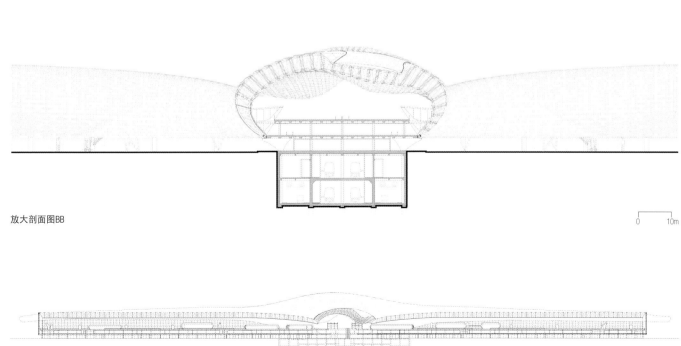

放大剖面图BB

0   10m

横向剖面图CC

0   50m

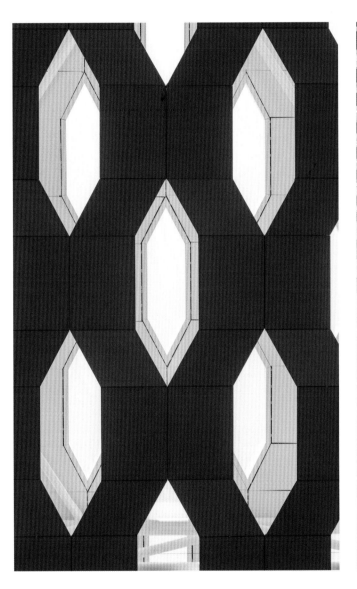
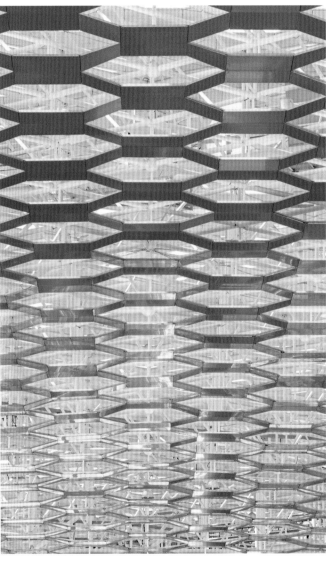

商务花园华沙酒店

华沙商务花园是一个拥有七栋建筑大楼的商业园区，包括办公室、商店、酒店和会议中心，占地超过90000平方米，位置邻近茨沃基·威古里大街，将国际机场与华沙市中心相连，提供了通往公共交通设施的便捷通道。

福克萨斯建筑事务所设计的华沙酒店拥有多种功能。酒店分为五层，共206间客房，会议中心有约800个座位，还包括一个活动中心、多个零售区、一间餐厅、一间咖啡厅、多个办公空间和280个停车位。不同的设施分布在一楼的开放空间，中间的节点可以通往不同区域，这样的设计可以使设施分开使用，又可以在需要时进行合并。

一层花园前方的开放空间是一座大型"绿色"平台，属于会议中心的一部分，位于餐厅前侧，与酒店相连，可以用于举行各种活动。该综合区最高处为25米，上面突出的两层起到庇护作用，保护站在下面避雨雪的客人。

建筑师在设计初始便考虑到如何增加建筑的功能的问题，这是设计综合区最初的想法，同时也考虑到了华沙周围的城市风光和中央处的维斯尼奥威花园公园。临街一侧的建筑是垂直的，朝向公园一侧微微倾斜。

地点 / 波兰华沙
客户 / Swede Center
时间 / 2008—2013

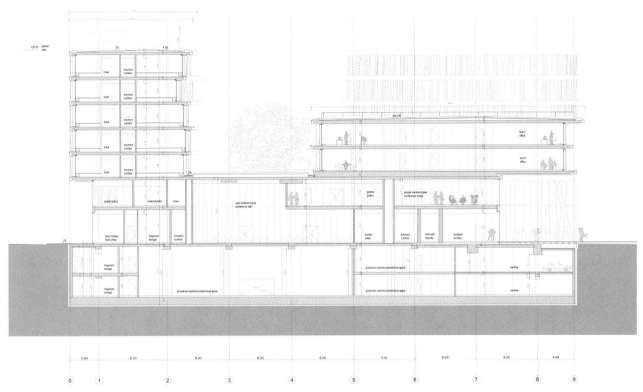

剖面图AA

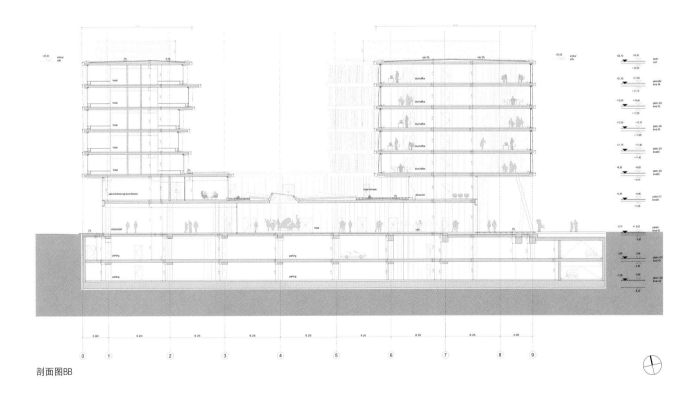

剖面图BB

45

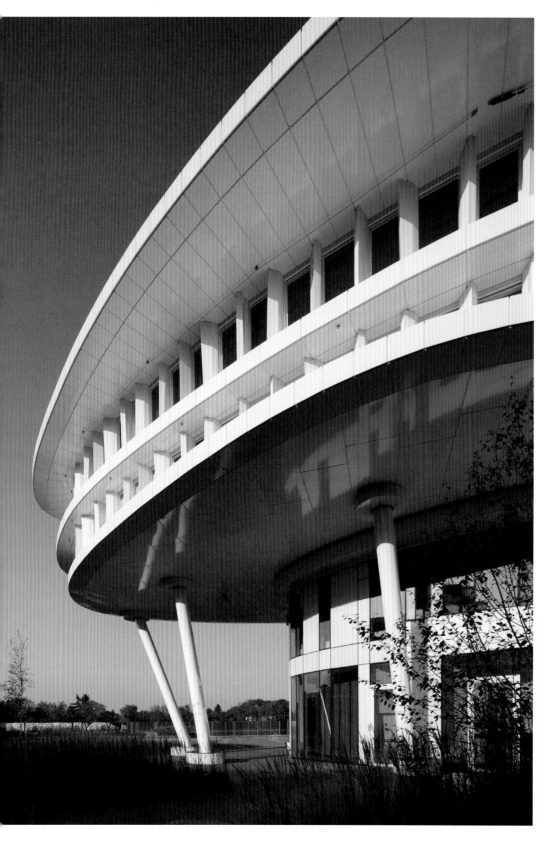

前联合部队大楼
修复工程

该建筑的修复工程目标是恢复和巩固原有建筑特色。建筑的正立面一直强调用最少的照明，体现出了当代建筑的格调。

该项目的象征是由"灯"、钢和玻璃构成的三角形结构，横贯整个四层建筑，包含垂直连接处、服务区、副室，以及工厂零件区。由"灯"形成的全高孔隙，由通道互相连接，可以看到各层结构。

部分由"灯"构成的屋顶高达750米，容纳了一个全景餐厅。自然光中的"灯"的外表呈现出一面不规则的镜子的模样，而晚上亮起来，便像是一盏巨大的灯。

在晚上，建筑的正面灯光点亮，看上去像是一个剧院，从外部就可以看到空间氛围的变化和色彩变幻的灯光展示。

每层楼都为游客提供了一个独特的空间，以白色的地板配以不同大小和颜色的"泡沫"装饰为特征，配以从红色到橙色和紫色的色调。一楼被设计成一处开放空间，将维亚·托玛瑟利大街与邻近的广场连接在一起。

建筑室内设计由福克萨斯建筑事务所负责。设计受到了儿童玩具的启发。内部装饰雕塑采用了流体形状，餐桌、书桌、装饰，以及服装和饰品的展示架大多为白色，以玻璃纤维制成。散开的展示架像是一件艺术装置的花瓣。椭圆形的镜子反射室内光线，使光线和色彩成为统一的整体。"灯"充当了剧院的翅膀，在每层楼对外开放。假天花板被一系列颜色的灯点亮。带有LED灯照明玻璃的楼梯，起到了提升空间的作用。

在遵循早期土方工程进行施工的过程中，设计师在地下室发现了一个墓碑，该墓碑的历史可以追溯到公元前2世纪上半叶。墓碑由凝灰岩块和石灰华板构成，带有一个拥有小室的基座设计。为了保护和突出文物，建筑师特别设计了玻璃地板，让游客一眼就能看见考古遗迹。

地点 / 意大利罗马
承建商 / 温德拉敏建筑施工公司
时间 / 2008—2013

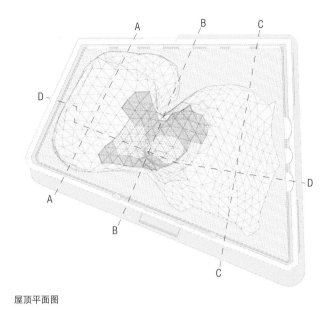

屋顶平面图

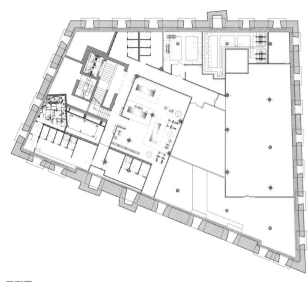

平面图

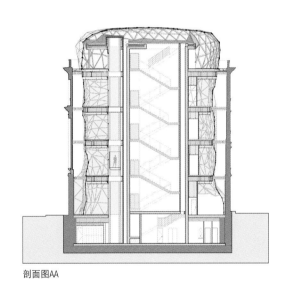

剖面图AA

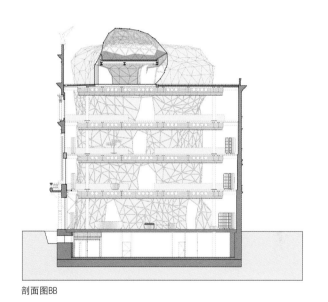

剖面图BB

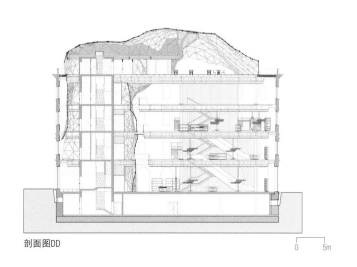

剖面图CC

剖面图DD

0 5m

法国国家档案馆

该项目由两个部分组成：一个水平延伸，如同悬浮的透明体；另一个立于地面之上，气势雄伟，具有反射作用。

第一个部分，由悬臂式结构组成，被称为"卫星"，能容纳办公室、会议室和展览厅。建筑表面多为玻璃，为空间提供照明。

建筑本身有如一块宏伟的巨石，容纳了档案文献室和阅览室。建筑表面镀有铝，还嵌入了一些玻璃材料，使得自然光能够进入室内。

建筑师在楼体与"卫星"结构之间加入了水池的设计，正位于"卫星"结构下方。上面的走廊将悬臂式结构和楼体连接在一起。凭借悬浮的"卫星"结构和巨大建筑体表皮产生的反射和自然光照，水幕的设计营造出了新的空间。

两个建筑体的外立面设计遵循着同一几何图形，在档案馆大楼的表层和"卫星"结构的表面重复排列。

安东尼·葛姆雷的雕塑作品矗立在两个建筑体之间的水池中。雕塑由一系列十二面体构成，在建筑水面倒影的映衬下，仿若从建筑表面探出来一般。

建筑师在"卫星"结构前方放置了一系列混凝土"保险箱"，这是帕斯卡尔·孔韦尔的作品，展现了大家记忆中留有印记的名人面孔。

苏珊娜·弗里奇的艺术作品则强调"卫星"结构的悬浮效果，包括不锈钢板制成的假天花板，强调建筑与"卫星"结构之间的相互作用。红色的运用赋予不同高度的结构以不同的深度，创造出实体与虚无的交错之感。

会议室的座位，由福克萨斯公司的建筑师和柏秋纳女士一同设计，并为其取名为"卡拉"内饰，由福克萨斯公司的建筑师设计。椅子采用了两平面相交和旋转的方式，形成椅背、椅面和扶手，像一朵盛放的鲜花。弗洛伦思·梅歇尔的景观设计则为游客带来绿色步行区，像一个舞台，引导游客前往综合区。

该建筑的两个结构通过空中廊道象征性地连接在一起，形成同一性，是扎根于过去的记忆，也放眼于当代和未来。

地点 / 法国圣丹尼斯
客户 / 法国文化与交流部
时间 / 2005—2013

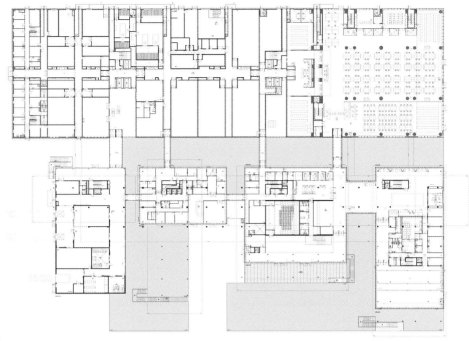

一层平面图

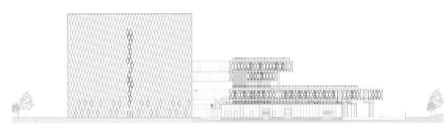

北侧立面图

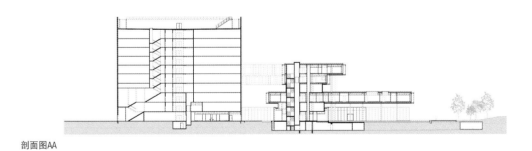

剖面图AA

剖面图BB

0   10m

第比利斯
公共服务大厅

第比利斯公共服务大厅位于市中心，俯瞰库拉河。

该建筑由包含办公室在内的七个区域构成，每个区域位于不同高度，都占据了4层楼。这些区域分布在中央公共广场的四周，是整个项目的核心，也是接待区。不同楼层的办公室由天桥相互连接。

7个区域和中央公共空间由11片大型"花瓣"高高架起，从形式和结构上都独立于大楼的其他部分。三片花瓣覆盖着中央空间。几近高达35米的"花瓣"的几何形状和尺寸各不相同，由树形钢柱结构支撑，从建筑外部看得见"树"与"花瓣"。

"花瓣"之间的玻璃墙跨越不同楼层。这些墙面的主要特点是，从"花瓣"结构中完全脱离，允许墙面和结构网之间相对移动。这一设计，在导致玻璃出现问题的雪压振动、风或热膨胀情况下，可以防止"花瓣"结构偏移。

第比利斯公共服务大厅包括格鲁吉亚国家银行、能源部和国家民政登记处。

地点 / 格鲁吉亚第比利斯
客户 / LEPL民政登记处—LEPL国家公共登记处
时间 / 2010—2012

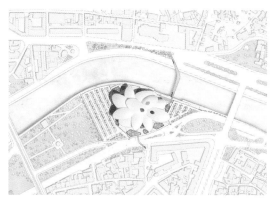

鸟瞰图

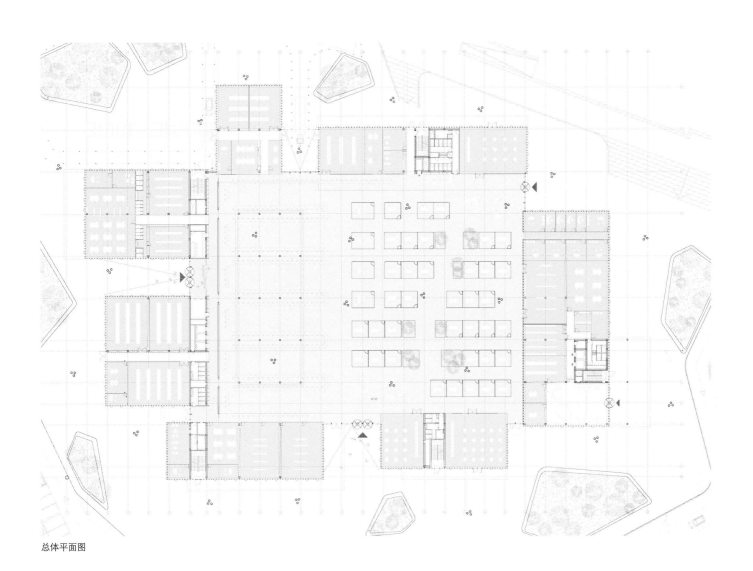

总体平面图

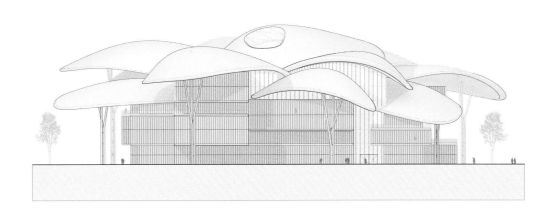

南侧立面图

0   10m

乔治斯弗雷切酒店管理学院

在酒店培训学校项目中，建筑师将景观进行改造，赋予其独特的城市特性。该项目形式多样、空间紧凑，拥有雕塑般的外观。建筑内部空间错综复杂，每个房间都具有其独特性。两栋主体建筑，由人行天桥相连，包括学生和员工宿舍、宿舍管理处、健身房，以及带有跑道的运动场。

第一栋大楼共三层，包括多功能厅、展览馆、行政办公室、教室和餐厅。第二栋楼是Y形建筑，共两层，是容纳职业培训、酒店和美食餐厅的区域。酒店对外开放，包括三家餐厅（一家美食餐厅、一家啤酒屋和一家教学餐厅）；一个面包车间；一个糕点教室。美食餐厅、啤酒屋和四星级酒店都是该项目的展示区。

福克萨斯建筑事务所负责设计酒店内部和公共区域。在通往美食餐厅和酒店的入口大厅中，有一张白色的接待桌，流线型的结构非常坚固。接待桌的覆盖材料是用来制作船身的材料。最初设计的桌椅风格迥异，定义了学生与外界交流的空间。家具也有专为酒店定制的限量版。在学生区，每层楼墙壁颜色从黄色到绿色、品红色和橙色，各不相同。不同颜色用来区分不同的活动空间。

建筑外立面由三角形结构组成，三角形结构使用了17000个铝阳极氧化膜。每个独特三角形玻璃框架网上应用了铝"皮肤"的几何设计。

建筑物的结构由钢筋混凝土加固。一楼及管理处公寓屋顶安装了光伏板。

地点 / 法国蒙彼利埃
客户 / Région Languedoc-Roussillon
时间 / 2007—2012

1 入口大堂与接待处
2 多功能室
3 行政办公室
4 财务办公室
5 学生入口大厅
6 体育馆
7 居住区入口大堂
8 应用技术区域
9 训练厨房
10 商铺
11 大堂及客户接待处
12 咖啡厅
13 学生食堂

平面图

0　　　10m

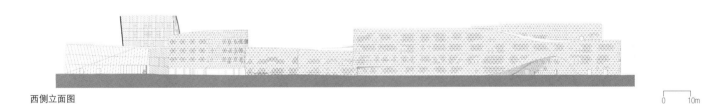

西侧立面图

0　　　10m

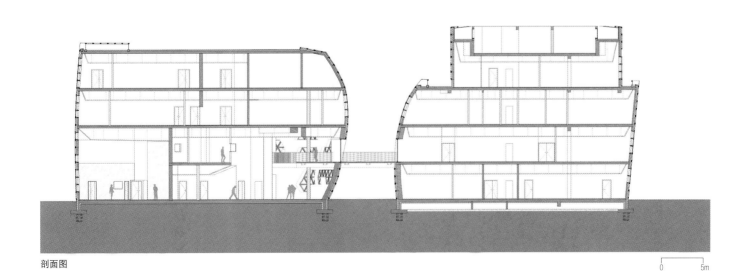

剖面图

0　　　5m

乔治斯弗雷切酒店管理学院

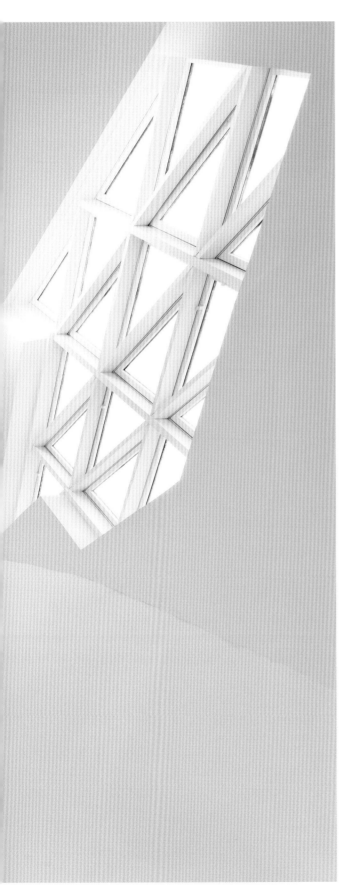

里昂岛

两河交汇处，毗邻里昂历史中心，代表这一地区人们坚强的性格，自然环境优美，拥有圣福瓦青山。

该项目研究建成综合住宅区的可能性。综合住宅区环绕巨大空间——公园，又开放通往另一空间——码头。

公园和码头共同构成了项目骨架。

建筑师将建筑之间的另一空间创建成该区核心，留下中央区域，在西面开放，远眺青山。

建筑间的空间不在一条线上，以不同视角望向公园和码头。

码头上的建筑与集装箱现实和诗意的形象相连，提醒着人们它是一个全面运作的河港。这是城市一角，在水中反射的部分，包含所有的色彩和所有不同材料产生的多重效果。该建筑将公园与德努兹艾里大街相连，迎接西面温暖的阳光，面朝圣福瓦青山。

一切都是对城市意愿的回应，一切都在进步；一切似乎都巧妙应用光线，使不同结构得以隐藏、突出和改造。

地点 / 法国里昂
客户 / Bouwfonds Marignan 房地产开发公司
时间 / 2005—2010

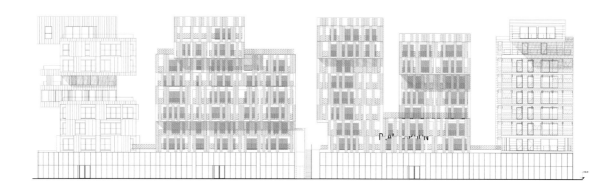

立面图

二层平面图

1	卧室1	7	厨房
2	卧室2	8	主浴室
3	卧室3	9	起居室
4	浴室	10	阳台
5	门厅	11	铺装平台
6	洗手间	12	平台

0   1m

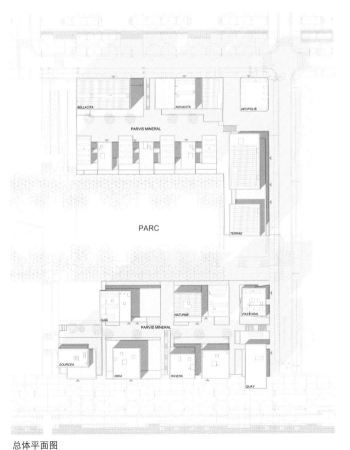

总体平面图

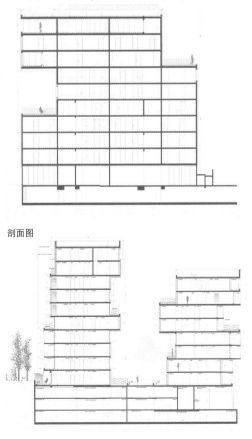

剖面图

剖面图

阿德米兰特购物中心入口

阿德米兰特购物中心入口建筑是由荷兰优秀房地产建筑开发商——海杰曼斯房产投资建设的购物区的一部分。建筑位于新城区和9—18广场之间的交界处，是通往新购物中心的主要通道。这一突出的地理位置需要一个标志性建筑，而阿德米兰特购物中心入口建筑完全满足需要。它像一个珍宝，吸引着公众的注意，引导行人通往新街区。

该项目以集中找形过程为基础，从而形成出乎意料的设计；在这里，传统设计规则失去了意义。与周边环境相比，入口建筑乍一看似乎是无定形的有机机构，像一个未定义的天体，伫立在购物中心正面之间。

然而仔细看来，整个入口建筑充满了动感。动感呈现在不同方向，强度也各有不同。这种有如液体流速变化的动感来源于两种立面材料的对比：海洋蓝的玻璃与清晰的白色钢板。整体建筑表面开合部位平滑交替。

建筑由两部分组成：五层楼的混凝土结构，以玻璃膜和钢膜为表皮。一层与二层是商业空间，三层和四层则是办公区（外加一层技术区）。

外立面的几何形状从垂直表面到无定形状不断变化，形成动态的建筑内部。事实上，各层的形状是由外立面形式决定的。建筑一层950平方米，最高的办公层250平方米。除楼梯外，没有其他垂直部分阻碍建筑物内部的视觉连接。

地点 / 荷兰埃因霍温
客户 / Rond de Admirant CV
时间 / 2003—2010

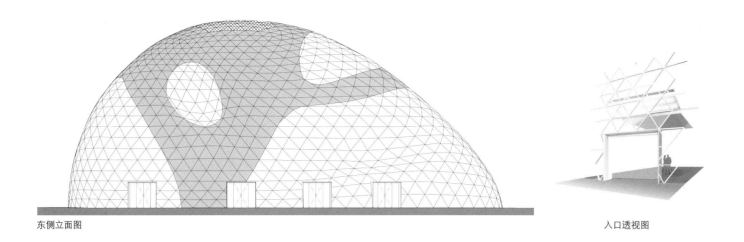

东侧立面图　　　　　　　　　　　　　　　　　　入口透视图

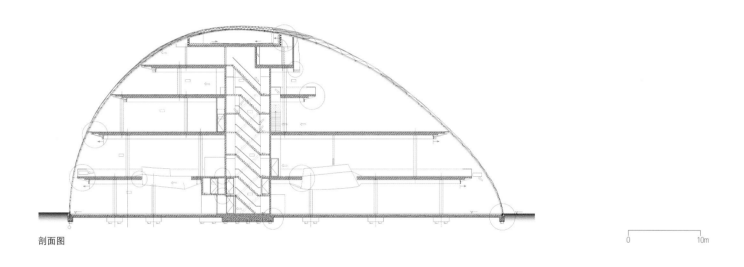

剖面图

0　　　10m

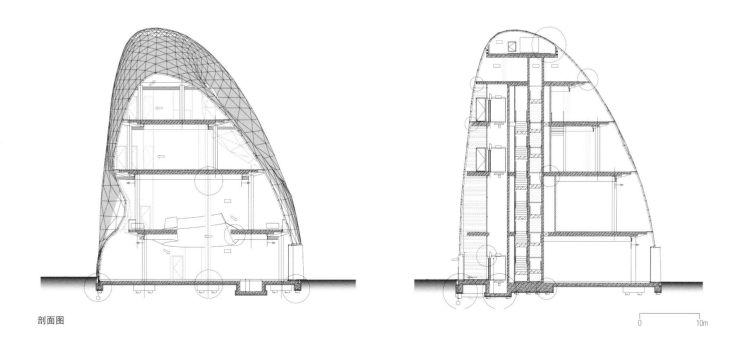

剖面图

0　　　10m

第五大道阿玛尼店

阿玛尼的店铺位于曼哈顿市中心世界最著名的一条街道上，占据了第五大道和第五十六街之间两栋建筑的三层（包括地下室）。

四层的陈列室是一个不固定的独立空间，由建筑中央的楼梯连接起来。楼梯由合成材料包覆的轧钢制成，以提升其雕塑效果。这是一个独立结构，是对任何简单几何描述的公然蔑视。建筑每层的布局都呈现出不断变化的曲面形式，增加了建筑明亮的油灰色墙壁在视觉上的趣味性。

在这种流动的室内设计下，建筑外立面也受到了影响。虽然外立面按照曼哈顿的棋盘式街道布局严格对齐，但是却模仿了建筑内部的活动，将影像和色彩投射在一张LED巨幕上。加上内部空间的外部投影，建筑外立面为纽约城带来一份特殊礼物，成为其现代性和活力的标杆。

建筑内部空间由连续不断的单色木漆板环状墙构成。每面墙的不同弧度角在展示产品处形成了弯度。一些区域设有更衣室和贵宾厅；其他区域则设置了员工区、收银台和特殊产品的区域。建筑内部的灯光规划并强调了墙壁和空间的曲线。

在设计的各个角度，楼梯的移动都显而易见，从墙面展示单元到桌子和扶手椅，这些都成为了漩涡状楼体的一部分。黑色的天花板和大理石地面则抵消了墙壁和家具的光泽。

阿玛尼的理想世界/餐厅电梯入口处曲线造型的青铜板弥补了内部空间的简洁外观。地灯的设计能够吸引客人关注通往餐厅路上墙壁的曲线，营造了放松和休闲的氛围。透过琥珀色的雾霭，在餐厅用餐的客人可以看到第五大道和中央公园景观。

地点 / 美国纽约
客户 / 乔治·阿玛尼集团
时间 / 2007—2009

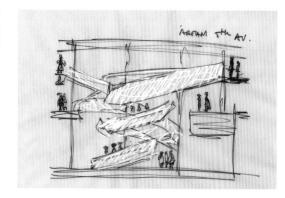

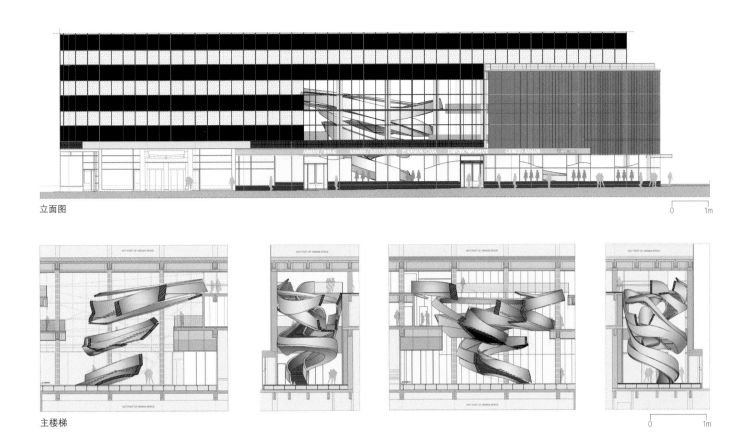

立面图

0　　　1m

主楼梯

0　　　1m

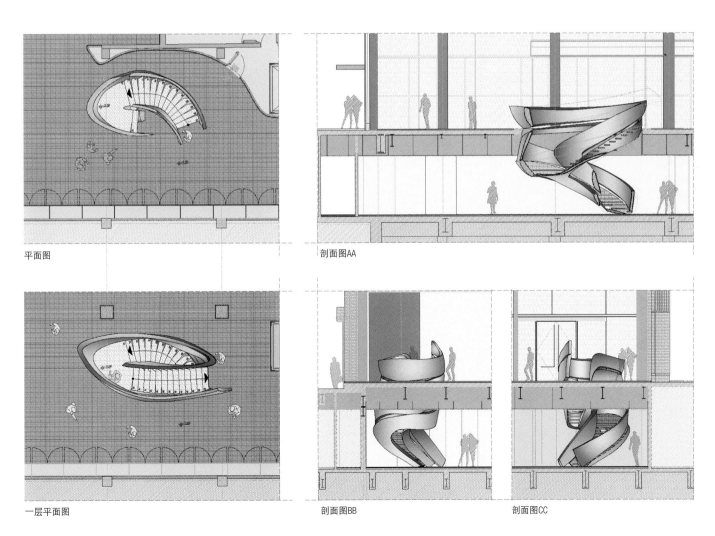

平面图

剖面图AA

一层平面图

剖面图BB

剖面图CC

第五大道阿玛尼店

采尔购物中心

采尔购物中心占地面积77000平方米，包括商铺、休闲区、儿童区、餐厅、健身中心和停车场。该建筑有6层，一楼到三楼是购物区，四楼以上有一个广场和会议区，还有健身区和餐厅。

购物中心的设计灵感来自地理形态，外观像一条河流，从上面看，深度不同，直达地球深处。

项目结构源自流体形状，连接了法兰克福市中心的最为重要的采尔购物大道与图尔恩及塔克西斯宫（重建的历史风格建筑）。

购物中心的两端，分别朝向采尔大道和图尔恩及塔克西斯宫，设计各不相同。沿着采尔大道的外立面体现了休闲、娱乐、放松的表达方式，另一侧则维持了较为正式的外观。

采尔购物中心的外立面仿佛被吸入一个巨大的空洞，透过孔洞甚至能够看到天空。这样的仿佛能够将人吸入的漩涡邀请着游客进入购物中心。

客人可以从一楼乘扶梯和直梯进入不同区域，乘坐长45米的扶梯，用时120秒就可直接到达四楼。

该项目最值得人们注意的是表皮覆盖物，交替的玻璃板和钢板让人回想起峡谷的美景。这种外在的"壳"，几乎是完全透明的，自然光通过一系列的空隙可以照进购物中心的各层。

地点 / 德国法兰克福
客户 / Palais Quartier GmBH & CO., KG
时间 / 2002—2009

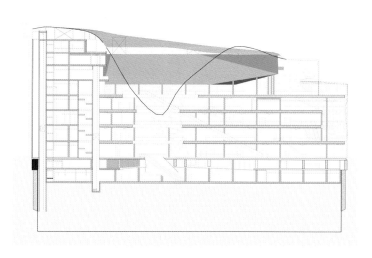

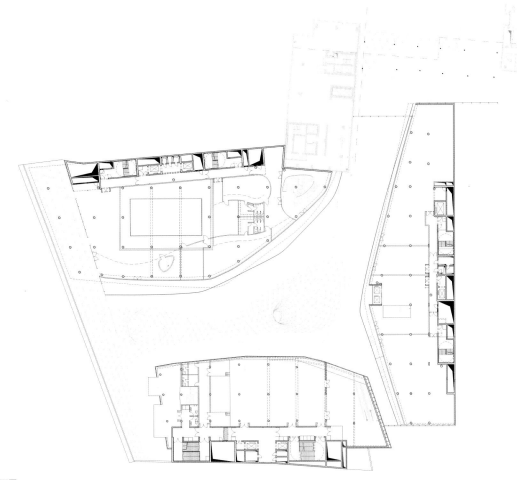

六层平面图

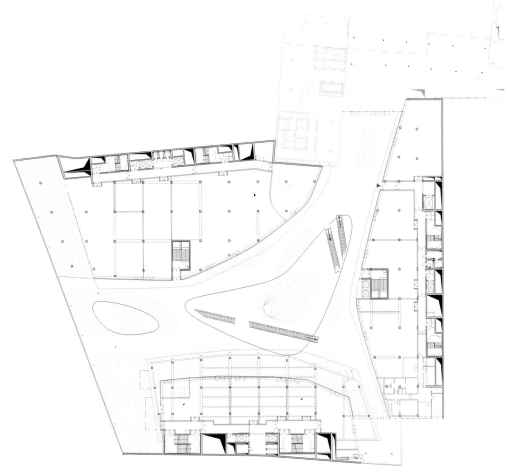

五层平面图

圣保罗教堂

该项目在意大利主教团组织的全国设计新教区中心比赛中获奖，"融入国际最前沿研究，一个创新和决定性的地标性建筑，象征着城市震后重生"。

该教区建筑群由两个主要部分组成，按宗教中心的功能划分。教堂是一栋纯几何图形的整体建筑，一个立方体悬浮在另一立方体之内，引导人的视线去关注垂直的建筑。主要的外部立方体，长30米，宽22.5米，高25米，与房间尺寸一致。延伸的矮小平行六面体是教堂的附属室，主要作为牧师和首席神父的住所。

透明的假日小教堂将前两个主要部分连接起来，又划分了空间。小教堂内部天花板以天窗代替，射进来的光线照亮了相连两部分之间的空隙。

金字塔形状的结构将外部立方体与悬浮体相连。两个方形结构的南北侧都刻上了同样的几何形状开口。从这些不规则切割的开口处，光线可以直接照进室内。室内设计强调祭坛的中心地位，但洗礼台与前面不对称，主要是为庆典集会增添活跃氛围。

室内设计与灯具设计能够激发起人们本性和纯净的想法。教堂的橡木长椅造型庄重，让人沉思。教区的装饰品由石头制成，例如祭坛、布道台和洗礼台，光线通过整体建筑或垂直或倾斜地洒落在这些装饰品上。吊灯棱角的形状以两个建筑结构上雕刻的开口轮廓为原型，可以在晚上重现白天自然光形成的效果。

大师恩佐·库奇在教堂外部打造了雕塑作品"Stele-Croce"，雕塑高13.5米，由混凝土和卡拉拉产白色大理石制成，也成为了建筑的一部分。

大师米莫·帕拉迪诺为教堂打造了14个铁铸雕塑，代表了耶稣受难。

地点 / 意大利福利尼奥
客户 / 意大利主教团，天主教福利尼奥
时间 / 2001—2009

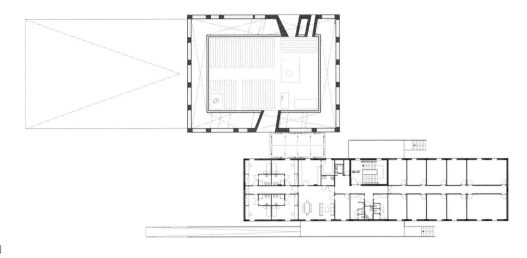

三层平面图

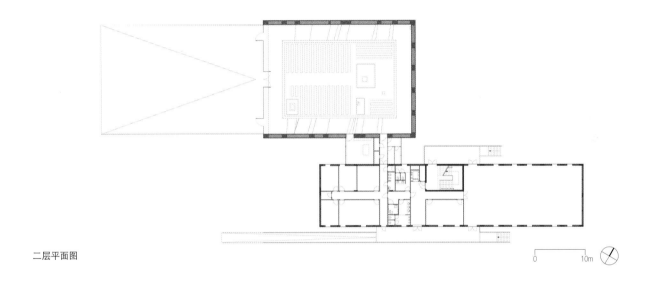

二层平面图

0   10m

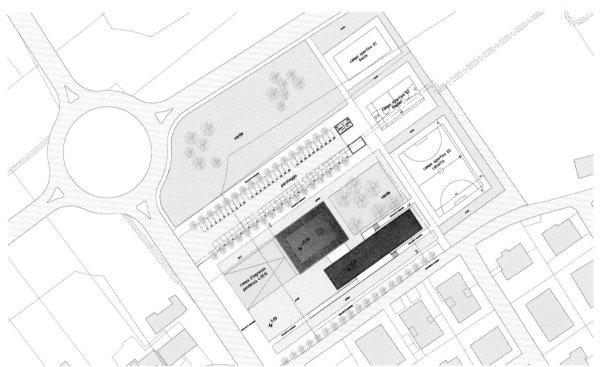

总体平面图

圣保罗教堂

佩雷斯和平之家

对于所有水手来说，这里是家一般的港口和失事船只的安息所。

想象一个地方，它不是虚构的，而是真实的。和平是一种精神状态，一个愿望；和平是张力，是乌托邦。

对未来意愿的规划也是一种对希望的表达，那就是希望我们的孩子和后代子孙生活的世界会更好。和平不是被封在包装里；而是可以通过一个场所或者建筑，交流圆满和宁静的感觉。

设计师考虑了一系列层次，在交错的层次中，一座代表"时间"和"耐心"的建筑，代表着饱经风霜的场地。混凝土由交错重叠的沙土和集料构成；上面坐落着建筑的石砌基底；两组长楼梯从会议区通向休息区。光线充足的休息区大小与高度会帮助人们忘记尘世的烦扰，给人们注入积极的态度，这正是与他人会面时所需要的态度。建筑的外部有着层层交错的混凝土以及透光玻璃。白天，玻璃的透明性将光线滤过到室内，夜晚室内的光线则会向外映射，赋予由场地激发出的神奇景象以精神和物质上的信息。

地点 / 以色列特拉维夫
客户 / 佩雷斯和平中心
时间 / 1999—2009

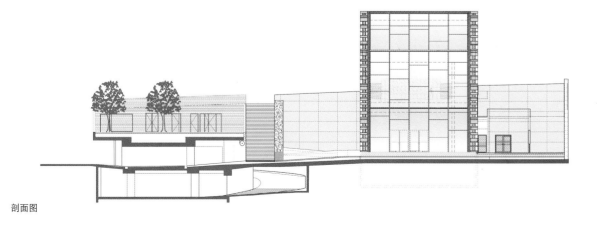

剖面图

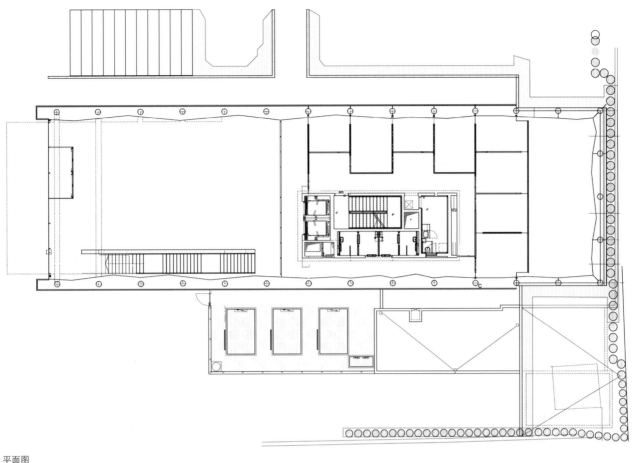

平面图

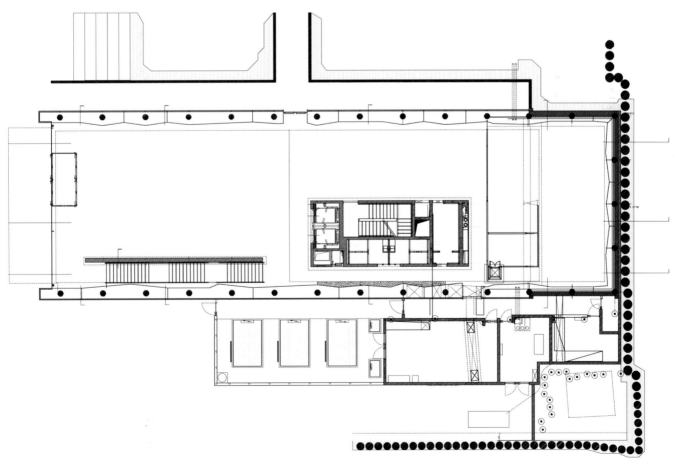

平面图

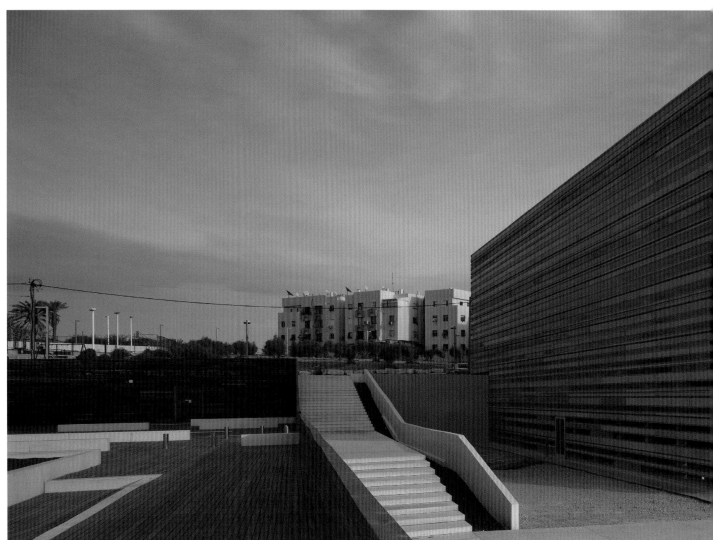

美因茨市场公寓 11—13

美因茨市场公寓位于美因茨市中心。建筑立面朝向一座历史悠久的步行广场和10世纪建成的美因茨大教堂。和许多其他的欧洲城市中心一样，这种重要的地理位置往往被20世纪中叶的建筑和二战后的修复项目所占据。历史建筑几乎都是重建的。然而，建筑的保护原则盛行，所以市中心已成为一个独特的混合。

福克萨斯说："对我来说，最重要的是建造一栋具有历史感的建筑，但是不用修饰。我不希望设计一栋新的旧建筑。"

设计师修复建筑外立面，采用了该地区典型的屋顶向下倾斜的设计，但也有一个惊人的新特征：建筑表皮。白色层压陶瓷表皮几乎环绕了整个结构，建筑窗户和门都是不规则形状，但正面的原有外立面仍然可见。美因茨建筑的内部构造极其垂直。访客可以穿过五层楼高的大厅。白色长立柱吸引人们的目光向上，使不同楼层之间建立了视觉联系。这个空间有助于建立场所与周边行人区域之间的连接，由通往莱茵河的一系列相连的小广场组成。顶楼公寓都有阳台和露台，可以俯瞰城市和大教堂。

原有的外立面和朝向广场的新建外立面组成了建筑的入口，通往一座内部庭院。这是一个半开放的累进庭院，从地下一层延伸到一层、三层，包括露台、办公室和住宅的通道，向上一直延伸到玻璃屋顶。

行人可以从门廊以及街道进入建筑一楼的所有区域。

地点 / 德国美因茨
客户 / 美因茨房屋建设有限公司
时间 / 2003—2008

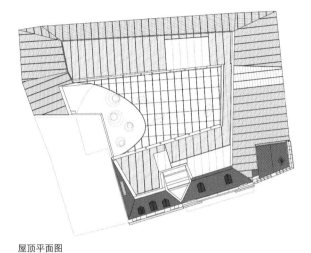

屋顶平面图

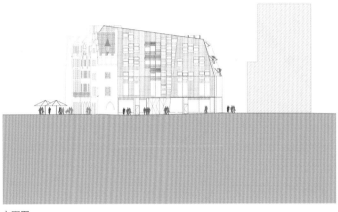

立面图

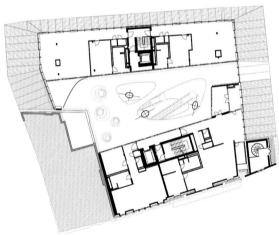

五层平面图

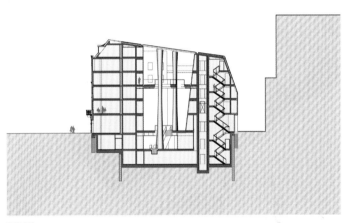

剖面图

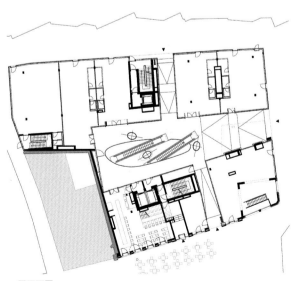

一层平面图

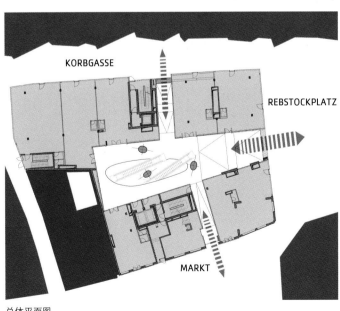

总体平面图

KORBGASSE

REBSTOCKPLATZ

MARKT

斯特拉斯堡
天顶音乐厅

音乐厅能容纳10000～2000名观众，对于生活在城市历史中心的人们来说，这里是嘻哈文化和文化活动的圣地。这是为新乡村文化和新多民族语言创造一个地方的问题。斯特拉斯堡天顶音乐厅是外来者语言和方言跳动的心脏。但它也属于那些参加流行音乐会表演的群众中的一部分人，他们紧跟活动时间表，追随着红遍欧洲的重要乐队和演艺界名人。天顶音乐厅也是一个半圆形空间，在室内人们彼此之间的亲密关系将为活动而疯狂的观众融合成一个整体。

斯特拉斯堡天顶，是法国最大的天顶。（"天顶"是具有同样风格特点的所有音乐设施共有的名字。）

从天顶中心和活动空间中心起始，人们越过台阶和水泥地面，便到达了一个空隙区，为去户外做好准备。橙色的建筑物由分布在两侧的硅胶玻璃纤维构成，是带有钢架结构的20米高的大厅和户外的一种过渡和过滤。这座如雕塑般的建筑具有鲜明的非平行的环形褶皱，白天呈不透明的状态，到了晚上几乎就会变成透明的——像是变成了一盏神奇的灯，使这个位置凸显出来，向人们预示着晚会就要开始了。

斯特拉斯堡天顶的几何形状源于两个旋转的椭圆，产生一种动态形式，提供了不同的视角。设计夸张的建筑屋顶边缘向下接近非对称椭圆。大厅是举行活动和会议的另一个地方，人们参加充满了舞台灯光、音响的集体活动之前，便聚集在那里。斯特拉斯堡天顶有一个引人注目的舞台机械系统。从屋顶结构上可以看出来，屋顶横梁高4～6米，长度可达110米，在中间融合成一种独特风格。在这个高度延伸出来的通道也有助于大型舞台技术装置的安置。

地点 / 法国斯特拉斯堡
客户 / 斯特拉斯堡城市社区
时间 / 2003—2008

平面测量图

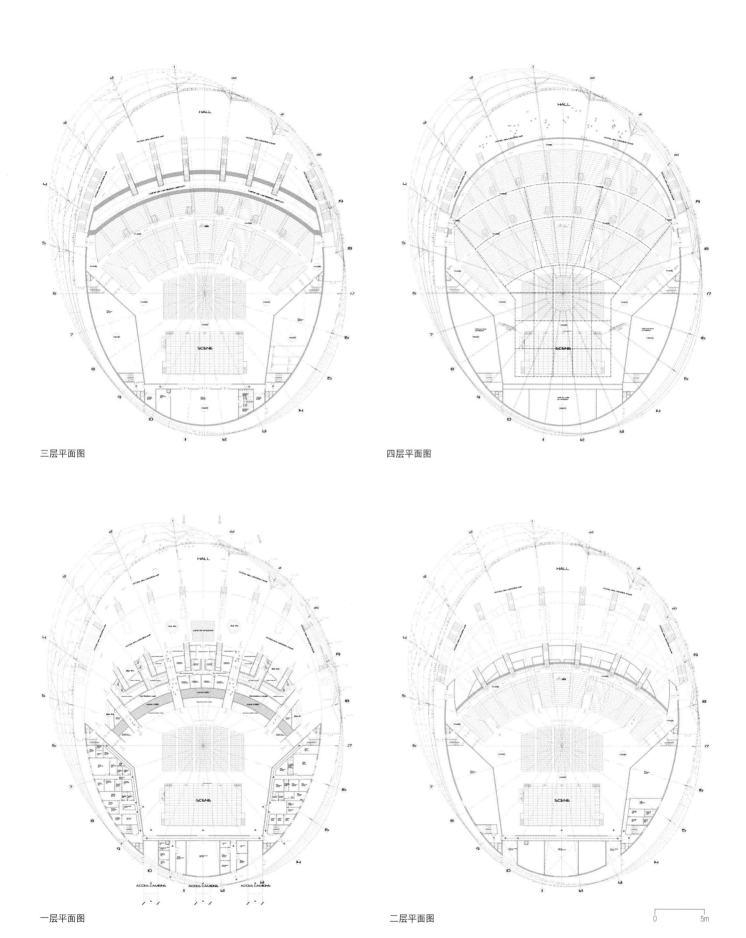

三层平面图

四层平面图

一层平面图

二层平面图

0　　　　5m

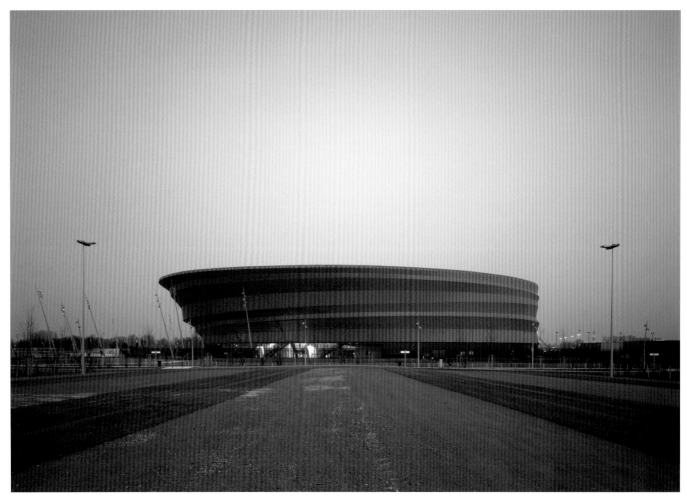

亚眠天顶音乐厅

亚眠天顶音乐厅设计像一个独立的雕塑式建筑，在单一结构中涵盖了所有规格。

应天顶风格设计要求，该建筑也象征着一个高度原创和有趣的娱乐设施。壮观的建筑结构却彰显轻盈，是由于使用了"膜"结构。"膜"结构延伸到椭圆环，包裹在建筑结构周围。钢和混凝土结构的力量，与红色PVC膜表皮的轻盈形成对比。

活动大厅顶部是由一组穿孔半球形结构组成，能提供取暖，并起到隔音效果。

双面PVC聚酯"膜"覆盖着整座建筑，也使昏暗的灯光分散到整个大厅及公共空间。

场馆"全坐席"的配置可以满足6000人就座，而"坐兼站"的设计可容纳多达8000人。特别要注意的是"过渡"空间设计，在那里年轻人常到天顶，他们首先接触到建筑。也特别设计了照明，可以产生不断变化的氛围。

亚眠天顶音乐厅是福克萨斯工作室设计的两个天顶建筑中的第一个。这是最初的想法，随后才设计了斯特拉斯堡天顶音乐厅。

地点 / 法国亚眠
客户 / 亚眠都市社区
时间 / 2004—2008

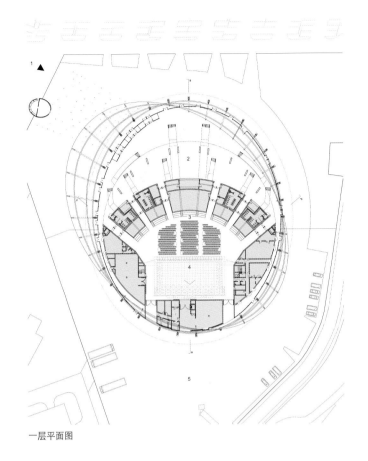

一层平面图

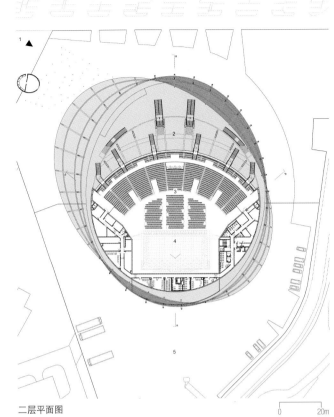

二层平面图

0　　　　20m

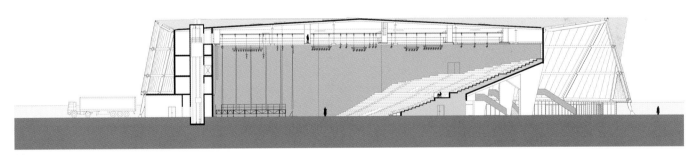

剖面图

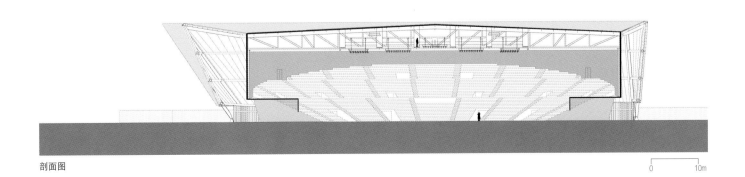

剖面图

0　　　　10m

德科集团总部

德科总部是建造在城市开发非常完善之地的地标性建筑。两座"大厦"由楼梯和电梯相连，一个"大厦"在另一个"大厦"之上。位于下方的立方体部分采用了全部落地窗的设计方式，以减轻巨型建筑带来的厚重感。

位于上方的"大厦"则计划用来做管理办公室，呈不同寻常的挤压环形状：在城市天际线上显得异常突出，同时与下层结构的水平线条形成了鲜明对比。两个部分在结构、技术和功用分配系统上各有不同的表现。下层支承结构采用的是钢包层混凝土支柱和圆柱框架。

上层结构由钢管三脚架支撑。几何结构由反射三角形构成的双壳外立面增强。值得一提的技术特点是在钢格内安装了玻璃板。

在第六层以上两栋建筑之间的空隙给人们带来强烈的物理分离感。该层安置了一个水箱，由交叉全景木栈道穿过，一个巨大的环形装置充当了天窗——在较低的楼层反复强调这样的主题——让自然光得以进入室内。空间布局提供不同视角，向上或向下，在不同高度交叉，这大大提升了德科集团员工的职场幸福感。

外部的走廊和露台形成了各种各样的社交休闲场所。

模块式的设计使建筑的内部布局灵活易变；内部分区可以在结构墙之间标记空间，而卫生间、电梯、楼梯和采光井都集中在一个中央核心区。这两个区域由垂直分布的轴连接：下层建筑的通道不与中央核心区平行，上层建筑房间走廊闭合成一个环形。

地点 / 意大利佩斯卡拉
客户 / 德科集团
时间 / 2001—2008

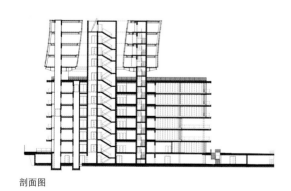

剖面图

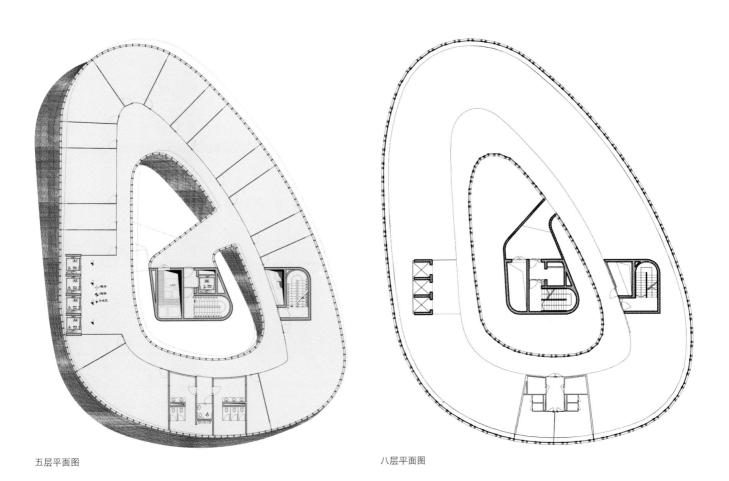

五层平面图

八层平面图

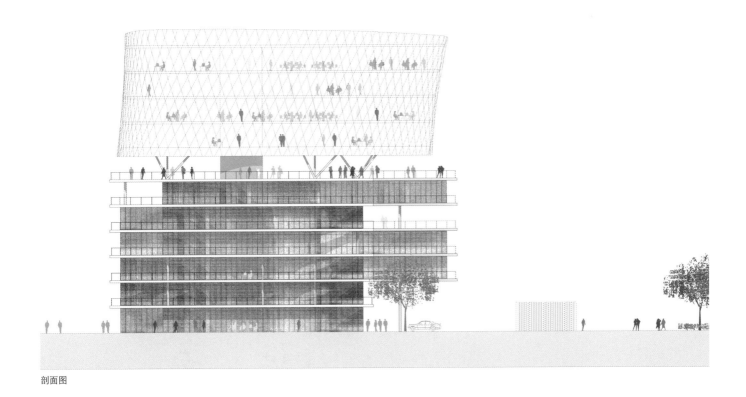

剖面图

阿玛尼银座塔

阿玛尼东京旗舰店，有必要让乔治·阿玛尼的思想与创造力一起为人所知；这次委托任务旨在重塑这位意大利著名时装设计师的工作室氛围、他的审美和品牌形象。

阿玛尼的品牌形象，对材料、光照、透明、精致的色彩永无止境的追求，这些都是福克萨斯灵感的起源。他们尝试了新的纹理、形状、雕刻、空洞，使用光的非物质化空间。

乔治·阿玛尼店提供小型会客室，由地毯、衣架和分隔板勾勒出轮廓，两层玻璃之间嵌入了铂金色金属网。地板和天花板以暗黑色为特征，分别由阿玛尼黑色大理石厚砖和光面黑钢板构成。

旗舰店室内采用了一系列连续的环形墙体，通过轧光、激光穿孔和有光泽的黑色涂层钢板形成。这些图形源自安普里奥·阿玛尼标志最初的设计，在每个背光墙都能看到。

餐厅再现了和旗舰店相同的主题。黑漆木桌面下装饰着金色的叶子，周围环绕着钢片制成的刷金涂层"花瓣"，也采用了竹叶形状的主题。

连续的环形墙体也凸显了叶片主题的设计；吧台与收银台采用了黑色的纤维玻璃材料；和餐厅一样，室内也沿用了黑色的地板。

银座项目外部是一座玻璃塔。塔的基础部分采用金属包膜和金色涂层，LED背光设计的竹子，其发光叶子根据时间和季节呈现出不同的强度和颜色。高处楼层的竹子设计是通过一种特殊的帘幕形成，LED叶子藏在玻璃后面。

地点 / 日本东京
客户 / 乔治·阿玛尼集团
时间 / 2005—2007

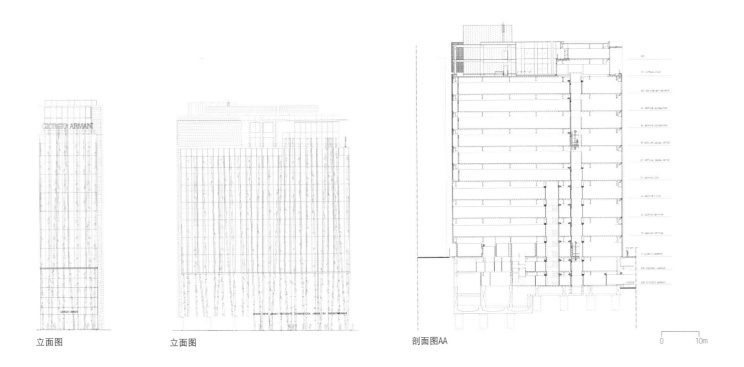

立面图 立面图 剖面图AA

0 10m

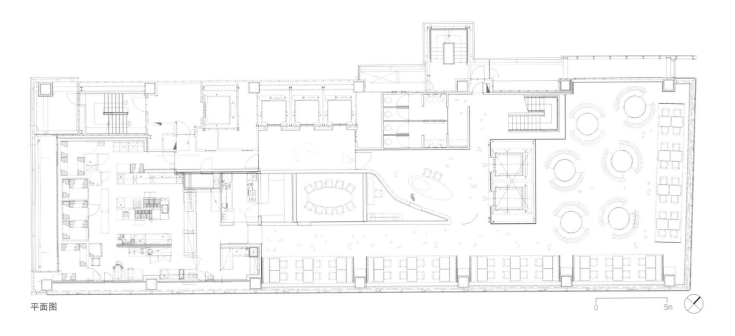

平面图

0 5m

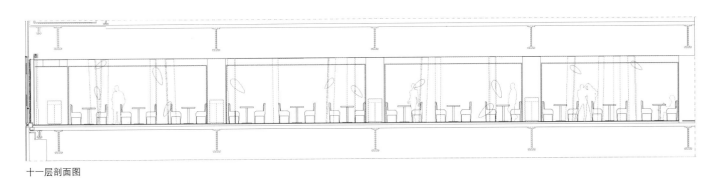

十一层剖面图

阿玛尼银座塔

新米兰贸易博览馆

新米兰贸易博览馆是一个令人印象深刻的工程。博览馆周长5千米，建筑表面积1000000平方米，占地面积2000000平方米。博览馆由八个大型的单面和双面展览馆组成，约占地345000平方米，户外空间60000平方米。

展览馆的路线分布在两个区域，一个在东入口，另一个在西入口。博览馆的所有入口和出口都从这两个入口产生。建筑内划分了不同的功能区——服务区、餐饮区、办公区、酒店、商业画廊、展馆招待处和较小型的空间。在建筑的中心轴上还建有水池、绿地和环氧树脂地板。

巨大的展馆外墙由玻璃和镜面不锈钢构成。这个空间之上，覆盖着一个延伸的"面纱"结构。"面纱"的流线造型是由经过计算的常数变易构成，参考了自然景观的造型——火山口、波浪、沙丘和山脉。这是该项目的象征，延伸了47000平方米的面积。

展馆的设计目的是为了举行商务会议，当然这并不是它唯一的使用目的。事实上，博览馆最天然的功能是交流和沟通，馆内的会议中心分为10个房间（共计2600个席位）。靠近会议中心，在"面纱"的中央，是多功能服务中心。最后，博览馆还建有占地9公顷的公园和一条绿色内部路线，围绕着展览馆。总之，这些代表着博览馆的休闲区，面积共计180000平方米。

地点 / 意大利米兰
客户 / Fondazione Fiero Milano
时间 / 2002—2005

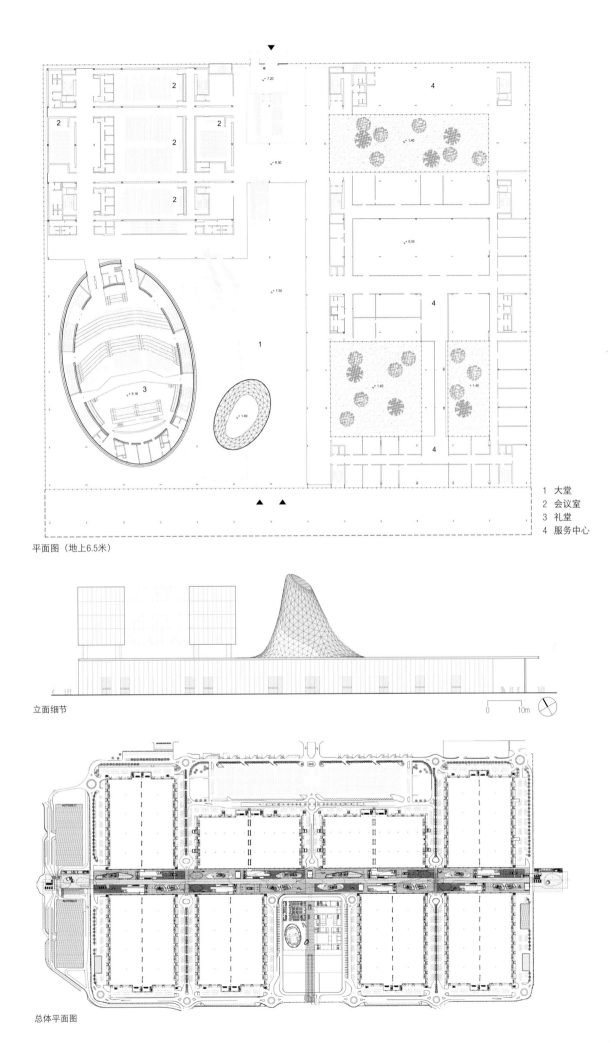

1 大堂
2 会议室
3 礼堂
4 服务中心

平面图（地上6.5米）

立面细节

0   10m

总体平面图

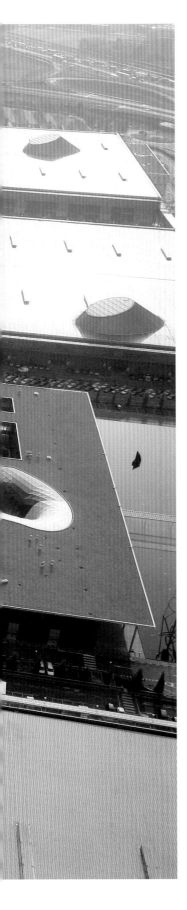

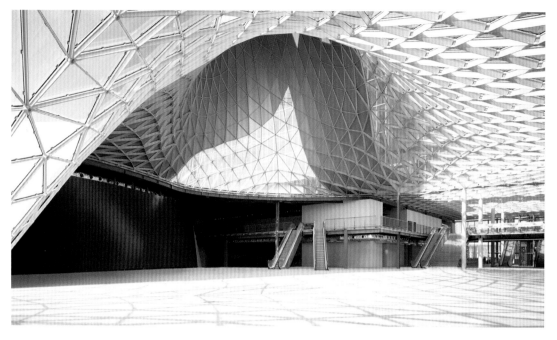

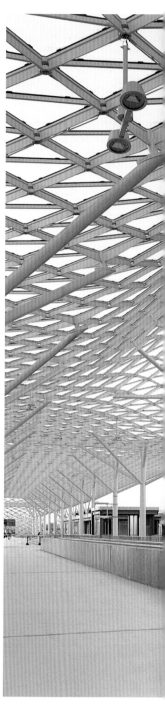

纳尔迪尼研究中心及礼堂

著名的纳尔迪尼酒厂被设计成一个巨大的"蒸馏器"。

这里是两个世界：第一个是悬浮的，由两个透明的椭圆形"气泡"构成，承载着研究中心的实验室；另一个潜入地下，切入地下空间，像一个天然峡谷，是一个能容纳100个座位的礼堂。下行斜坡形成了峡谷空间，通往礼堂，也可以作为户外舞台。这道斜坡的两边平面的对比形成了一个可以用来举行活动的圆形舞台。观众们坐在座位上，四周环绕着由倾斜墙体的不规则图案产生的景观。

在两个近乎悬浮在空中的"气泡"间的入口区域，地面水池的反射表面营造出波光粼粼的景象。白天，水下天窗让光通过地下空间过滤和传播；夜间，这些便成为了光源。

支撑"气泡"结构的细柱有不同程度的倾斜，与倾斜的电梯结构形成动态的张力。访客面对一系列不断变化的景色，这些景色由多种建筑特色的标准对称而产生：两个交错和重叠的椭圆体，倾斜的电梯与通风的楼梯和入口斜坡的旋转形式形成对比。

气泡结构的表面由全透明的双层表皮构成，让人们能够看到蒙特格拉帕地区山峰的360度壮观景色。

该项目具有两个标志：一个是精致、优雅、技术和非物质；另一个是像钢筋混凝土材料的冷酷，变成了形式的顿悟。

如同容器般的建筑与它的内容物，由倾斜式电梯结构相互连接，形成了正面与负面之间的恒定张力，一面以巨大的力量将玻璃实验室气泡推向上空，一面将沉重的礼堂埋入地下。

支撑建筑的立柱似乎将建筑固定在地上。只有5厘米深的水池水面如镜，在上方建筑的映射下仿佛向下延伸了好几米。沿着池边的人行道漫步，是非常棒的情感体验。

地点 / 意大利巴桑诺德尔格拉帕
客户 / 纳尔迪尼集团
时间 / 2002—2004

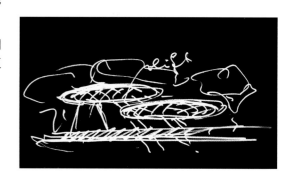

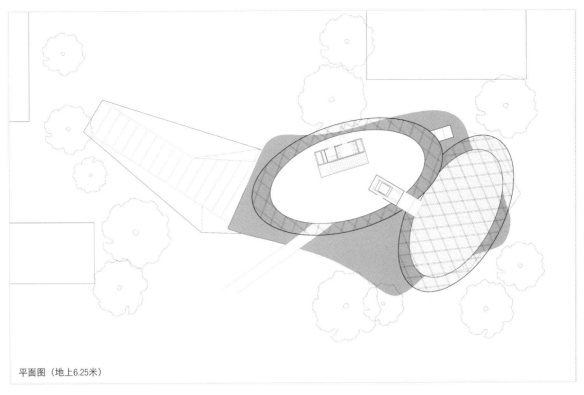

平面图（地上6.25米）

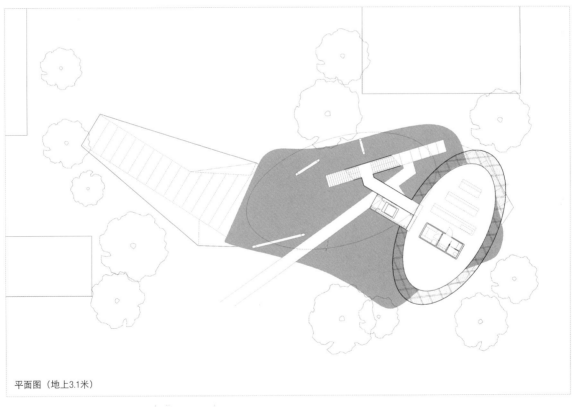

平面图（地上3.1米）

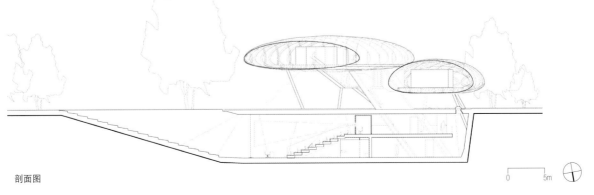

剖面图

0　　　　5m

纳尔迪尼研究中心及礼堂

法拉利总部
及研究中心

该区域位于马拉内罗法拉利工业园区的中心。该中心位于风洞和工程部门建筑之间，代表法拉利集团主要形象，是法拉利集团的技术办公室。该项目受到将自然环境融入高科技园区的想法所启发，创造出一个较为舒适的工作场所。

建筑中用电、水和竹类植物，使建筑本身成为了一道景观。水和反射元素是该项目的关键。

建筑整体结构以浮雕体为主，在入口处向上延伸7米，从建筑的其余部分分离出来，并悬浮在水面上。该建筑已经成为该地区的地标性建筑。水元素是整栋建筑变化的媒介，由悬浮体切割处的光束产生水的反射，形成了新空间的视觉设计。

水面线上的几个通道形成两个会议室之间相连的网，两个会议室由颜色进行区分——红色和黄色。当阳光射到蓄水池的下方，便可以反射出金属光泽，令人想起该地区的工业性质。建筑师还特别设计了竹子种植区——自然中井然有序的矩形，能够过滤光线，散播到各个方向。

地点 / 意大利摩德纳
客户 / 法拉利集团
时间 / 2001—2004

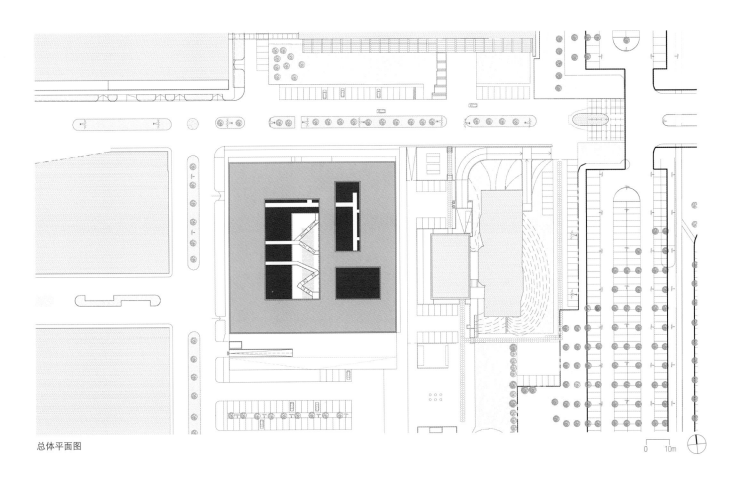

总体平面图

0   10m

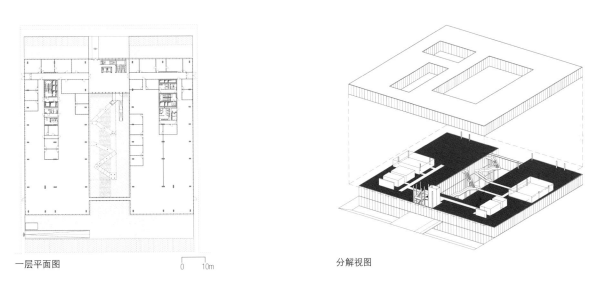

一层平面图

0   10m

分解视图

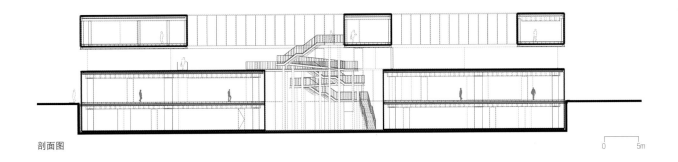

剖面图

0   5m

法拉利总部及研究中心

香港遮打大厦
阿玛尼店

在香港安普里奥·阿玛尼项目中，建筑师对空间的关注更甚于对结构的关注。真正令人振奋的是建筑的流动，而不是它的装饰。建筑师的设计理念是流动性的发展，通过研究访客的活动路线，然后以这种不可见的路线为基础来设计展示空间。

店铺的服饰展示区建在发光路上，路两边的玻璃墙上雕刻着花纹，并安装了合适的照明，墙上展示的服装和配饰反射在明亮的树脂地板上，使空间尺寸增大了一倍，增强了反射效果。

客人可以从店铺直接进入餐厅。餐厅地板上的红色条纹结构从地面开始向上升起形成桌子，又下降到地面的高度，与餐厅空间相吻合，然后闭合缠绕成为收银台，最终形成一个隧道/螺旋将空间引入大厅。

这两条玻璃纤维条纹结构长105米，高8米，宽70厘米，在大厅中央相交合并。

因为半透明的墙体本身多变的颜色和光的强度，一天内整个餐厅区的氛围都在不断变化。

店内的楼梯由安置两块合金钢片上的玻璃台阶组成。

店铺内部完全由玻璃制成——刻上了福克萨斯设计的标志——透明的和半透明的树脂玻璃与不锈钢材料相得益彰。

遮打路一侧的窗口装饰着霓虹灯店标。

地点 / 中国香港
客户 / 乔治·阿玛尼集团
时间 / 2001—2002

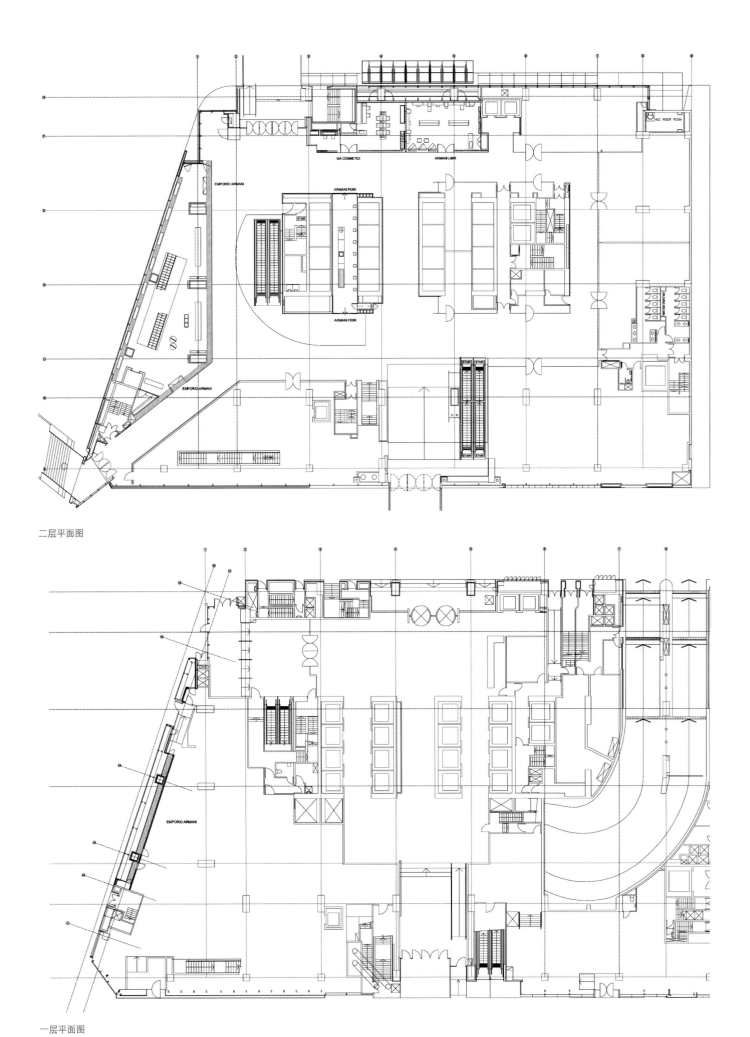

二层平面图

一层平面图

231

双子塔

在本项目中，福克萨斯事务所希望能够找到一个可以丰富奥地利首都天际线的解决方案。福克萨斯希望通过设计来体现出项目的意义，除了完成现有结构的同时，还可以将这个地方建成未来用户心目中的地标性建筑。

项目坐落在城区与绿地之间的过渡区，将福克萨斯过去作品中的主题重新结合并加以升华：城市景观开发；城市密度和绿地之间的连接和过渡，艺术和建筑之间的联系和融合；"大地艺术"的介入，特别是南侧的广场。

两座塔分别为37层和34层，容纳了2500间高端办公室，每层面积达1400平方米。这两座建筑分别高138米和127米，欢迎从城市南侧抵达维也纳的客人。双塔结构看上去很轻盈，因为建筑师在塔的外层设计了两个巨大的透明玻璃墙，连轮廓都无法区分出来。两座塔并不是相互平行或垂直的，而是向彼此倾斜，之间由一系列高低不齐的桥梁连接。福克萨斯的目的是为建筑注入活力："对于从南侧来的客人，当他们乘车经过这一区域时，两座塔将呈现出不同的形象，而不是简单的静止或者倾斜"。

地点 / 奥地利维也纳
客户 / Immofinanz Immobilien Anlagen AG
Wienerberger Baustoffindustrie AG
时间 / 1996—2001

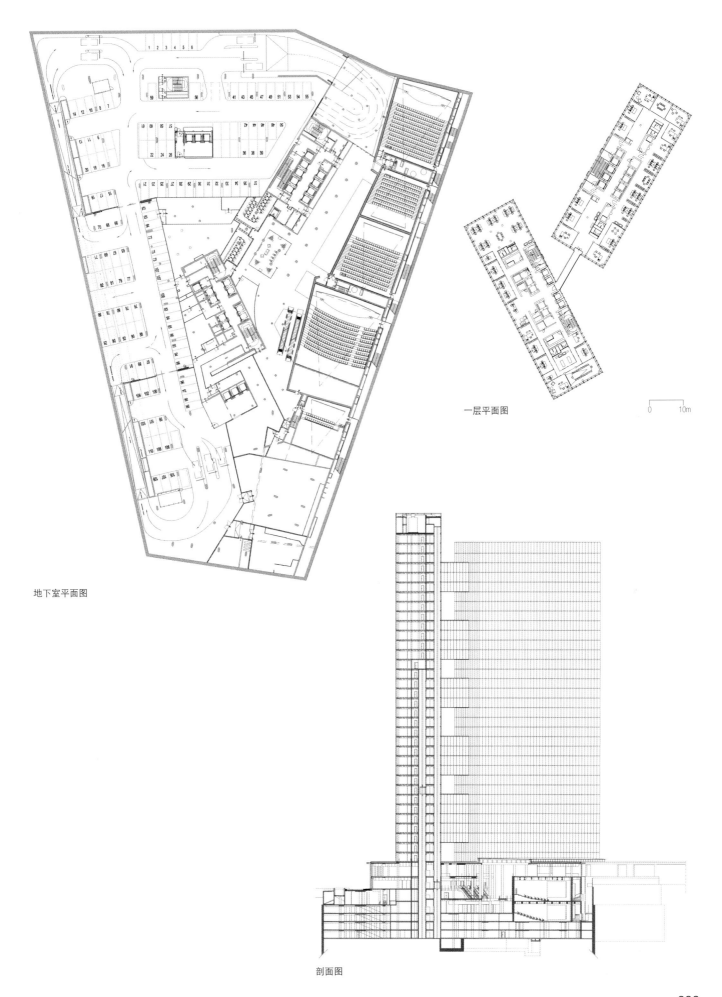

地下室平面图

一层平面图

0　　10m

剖面图

239

涂鸦博物馆入口

根据客户要求，建筑师需要为博物馆建造一个公众接待处，以及位于汽车公园和博物馆洞穴处的便利入口。博物馆洞中的壁画可追溯到马格达林时代（公元前11000年）。

建筑师的理念是将入口建筑设计成一只走出洞穴的大型史前动物，张开翅膀迎接游客。

建筑师有意让设计看起来像一个考古发现，因此采用了柯尔顿钢（一种耐腐蚀钢）作为材料，因为这种钢有一种生锈般的外涂层。一条木制小路通往接待大厅，大厅入口的门框上嵌着两只巨型翅膀，似乎暗指贯穿这片古老之地的地质断层。

该项目的设计充分考虑了阿日列省总理事会的要求，充分利用了该地区的优势，建造了一个能够证明其历史意义的象征性建筑。

地点 / 法国阿列日省尼奥
客户 / 阿列日省总理事会
时间 / 1988—1993

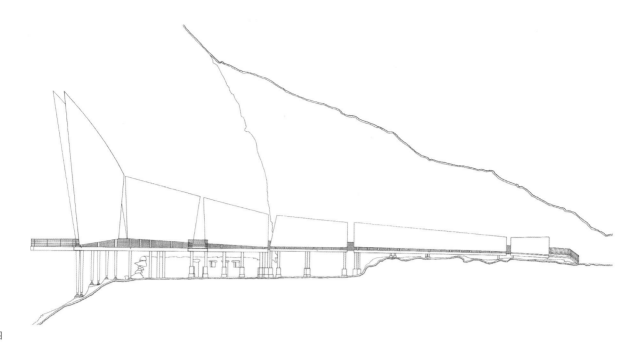

立面图

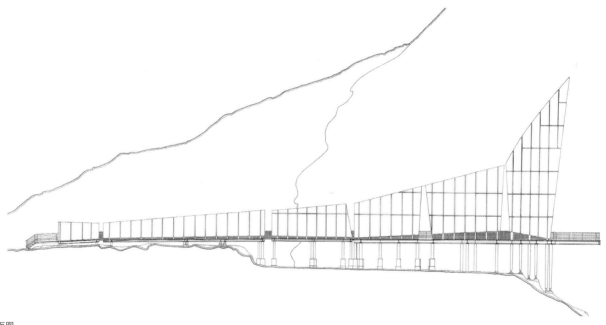

纵向剖面图

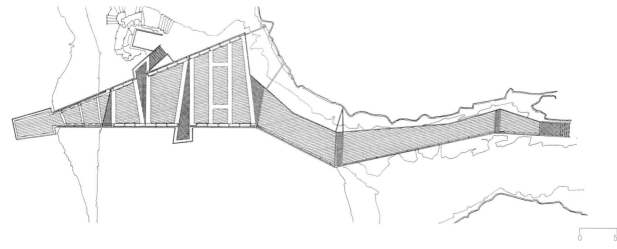

总体平面图

0   5m

245

246

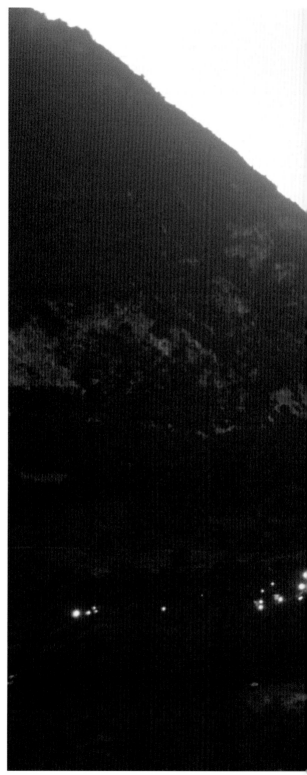

涂鸦博物馆入口

公司简介

福克萨斯建筑事务所

福克萨斯建筑事务所在马西米利亚诺·福克萨斯和多瑞安娜·福克萨斯的经营下，已经成为世界上最杰出的建筑公司之一。

在过去的40多年中，福克萨斯建筑事务所通过大量而广泛的项目实施，总结出了独到的创新方法。他们的项目多样，从城市设施到机场；从博物馆到文化和音乐中心；从会议中心到写字楼，再到设计藏馆。

福克萨斯建筑事务所在罗马、巴黎和深圳分别设立了总部，拥有170位专业人士，在美国、欧洲、非洲、亚洲和澳洲完成了600多个建筑项目，荣获了大量国际奖项。

马西米利亚诺·福克萨斯

马西米利亚诺·福克萨斯于1944年出生在罗马，拥有立陶宛血统。1969年毕业于罗马大学。自从20世纪80年代，他一直是当代建筑领域的主要人物之一。

1994至1997年，福克萨斯成为了柏林和萨尔茨堡规划委员会的成员之一。1998年，他荣获阿根廷布宜诺斯艾利斯的Vitruvio International a la Trayectoria职业生涯奖。1998年到2000年，他策划了第七届MostraInternacional di Architettura dVenezia展，主题为"少一些美学，多一些伦理"。1999年，他荣获普利兹克建筑奖；次年，他被命名为圣卢卡国家学者，被授予法兰西共和国的艺术及文学勋章。2002年，他成为美国建筑师学会荣誉会员。2006年他成为英国皇家建筑师协会荣誉会员，被授予意大利大十字骑士勋章Cavaliere di Gran Croce della Repubblicaltaliana。2010年，法国总统为他颁发军团勋章。2012年，他荣获意大利部长委员会的总统奖章以及艺术和文化领域的全球立陶宛奖。获得艾特奖的第二年，深圳宝安国际机场3号航站楼被评为最佳交通空间设计奖。2014年，福克萨斯容获A+奖以及纽约机场部门A+奖的交通流行选择奖。2000至2015年，他成为了布鲁诺·赛维创立的意大利新闻杂志《L'Espresso》的建筑专栏作者。2014至2015年，他与他的妻子多瑞安娜·福克萨斯都是意大利《共和报》设计专栏的作者。福克萨斯还兼任多所大学的客座教授，如纽约的哥伦比亚大学、巴黎的特别建筑学院、维也纳的美术学院和斯图加特的国立造型艺术学院。他花费多年时间致力于研究大都市地区的城市问题。

荣获奖项

2016 'Patrimoine Award,' New National Archives of France, Paris, awarded in the 'State Cultural Institutions' category by French Ministry of Culture and Communication, Paris, France

2015 'Crystal Globe IAA Grand Prix 2015,' Sofia, Bulgaria

2014 'First Sustainable Europian Trade Fair - LEED EB:O&M certification' to New Milan Trade Fair, Milan, Italy

2014 'Architizer A+ Award' and 'Architizer A+ Popular Choice Award,' Bao'an International Airport T3, Shenzhen, China, awarded in the 'Transportation—Airports' category, New York, United States

2013 'Idea-Tops Awards,' Bao'an International Airport T3, Shenzhen, China, awarded 'Best Transportation Space,' Shenzhen, China

2012 'Wallpaper* Design Awards 2012,' EUR New Congress Centre, Rome, Italy awarded 'Best Building Site,' London, England

2012 'Global Lithuanian Award 2012,' Art and Culture category, Vilnius, Lithuania

2012 'Medal of the Presidency of the Council of Ministers,' Italy

2011 International award 'Ignazio Silone for culture,' Rome, Italy

2009 'Gold Medal Award' to Zenith Music Hall in Strasbourg, France, 'Honorable Mention for Public Spaces and Infrastructures' to San Paulo Parish Complex in Foligno, Italy, Triennale di Milano, Italy

2007 'International Architecture Awards 2007,' New Trade Fair, Rho-Pero in Milan, Italy, awarded 'Best New Global Design,' Chicago, United States

2007 'Cubo D'Oro' Award (Scientific Committee of the Annals on Architecture and the city of Naples), Italy

2007   'European Shopping Centre Awards,' first
        prize awarded to Europark 2 in Salzburg, Austria,
        (Refurbishments/Extensions)

2006   'Awards for Excellence Europe,' ULI (Urban Land
        Institute), first prize awarded to New Trade Fair,
        Rho-Pero in Milan, Italy, Washington D. C., United
        States

2005   'National Award for Architecture In/Arch-Ance'
        to Ferrari Headquarters and
Research Centre, Maranello, Italy

1999   'Grand Prix National d'Architecture Française,'
        Paris, France

1998   'Vitruvio International a la Trayectoria' award for
        his professional career, Buenos Aires, Argentina

所获荣誉

2010   Decorated with 'Légion d' Honneur' by the French
        President

2006   Honorary Fellowship of the RIBA - Royal Institute
        of British Architects, London, England

2006   Cavaliere di Gran Croce della Repubblica Italiana

2005   Member of the Académie d'Architecture in Paris,
        France

2003   Member of the International Academy of
        Architecture in Sofia, Bulgaria

2002   Honorary Fellowship of the AIA (American Institute
        of Architects), Washington D.C., United States

2000   Academic of San Luca, Italy

2000   Decorated 'Commandeur de l'Ordre des Arts et
        des Lettres de la République Française'

1997   Member of the Board Commission of the IFA—
        Institut Français d'Architecture, Paris, France

1994–97 Member of the Planning Commission in Berlin,
        Germany

1989–93 Member of Board Commission at the France
        Academy-Villa Medici in Rome, Italy

多瑞安娜·曼德瑞里·福克萨斯

多瑞安娜·曼德瑞里·福克萨斯出生于罗马，1979年毕业于罗马大学现代与当代建筑史专业，在巴黎特别建筑学院取得学位。毕业后在罗马大学艺术史学院文学系和ITACA工业设计系担任教师。2000年多瑞安娜参与策划第七届威尼斯建筑双年展，主题为"少一些美学，多一些伦理"，负责其中简·普鲁威、简·马内瓦尔、和平馆以及空间建筑与当代艺术部分。1985年，她开始与马希米亚诺·福克萨斯合作，1997年开始负责福克萨斯事务所的设计工作。2002年，她荣获法兰西共和国艺术与文化勋章。2006年她在华盛顿因意大利米兰的新米兰贸易中心获得ULI（城市土地学会）欧洲杰出奖，这是她首次获奖。2012年获《墙纸》杂志颁发的设计奖。同年，她的新罗马会议中心获英国伦敦最佳建筑奖。2013年她获得了法国艺术及文学司令勋章。同年，她的深圳宝安国际机场3号航站楼获得了艾特奖最佳交通空间奖。在2013年厨房及浴室设计师奖中，意大利艳防达瓷砖公司卡塔拉诺洗脸盆荣获伦敦设计创新金奖。2014至2015年，她与马希米亚诺·福克萨斯共同为意大利报纸《共和报》设计撰写专栏。

荣获奖项

2016   'Patrimoine Award,' New National Archives
        of France, Paris, awarded in the 'State Cultural
        Institutions' category by French Ministry of Culture
        and Communication, Paris, France

2015   'German Design Award 2016,' Chantal lamp for
        Slamp awarded Special Mention in the 'Lighting'
        category by German Design Council, Frankfurt,
        Germany

2014   'Good Design Award 2014,' Impronta wash-
        basin for Catalano awarded in the 'Bathroom
        and Accessories' category by Chicago Athenaeum
        Museum of Architecture and Design and
        Metropolitan Arts,Chicago, United States

2014   'First Sustainable Europian Trade Fair—LEED
        EB:O&M certification' to New Milan Trade
        Fair, Milan, Italy

FUKSAS

2014 'Architizer A+ Award' and 'Architizer A+ Popular Choice Award,' Shenzhen Bao'an International Airport—T3, Shenzhen, China, awarded in the 'Transportation—Airports' category, New York, United States

2013 'Designer Kitchen & Bathroom Awards 2013,' Impronta wash-basin for Catalano awarded Gold Winner in the 'Innovation in Design—Bathroom Products' section, London, England

2013 'Idea-Tops Awards,' Shenzhen Bao'an International Airport—T3, Shenzhen, China awarded 'Best Transportation Space,' Shenzhen, China

2012 'Wallpaper* Design Awards 2012,' EUR New Congress Centre, Rome, Italy awarded 'Best Building Site,' London, England

2011 'International Design Awards 2009-2010' to the handle Carmen for Manital, Los Angeles, United States

2009 'Gold Medal Award' to Zenith Music Hall in Strasbourg, France

Honorable Mention for Public Spaces and Infrastructures, San Paolo Parish Complex in Foligno, Italy, Triennale di Milano, Italy

2007 'European Shopping Centre Awards,' first prize awarded to Europark in Salzburg, Austria, (Refurbishments/Extensions)

2006 'Awards for Excellence Europe,' ULI (Urban Land Institute), first prize awarded to New Trade Fair, Rho-Pero in Milan, Italy, Washington D. C., United States

2005 'National Award for Architecture In/Arch—Ance' to Ferrari Headquarters and Research Centre, Maranello, Italy

所获荣誉

2013 Decorated 'Commandeur de l'Ordre des Arts et des Lettres de la République Française'

2002 Decorated 'Officier de l'Ordre des Arts et des Lettres de la République Française'

项目精选

2016 New Rome-Eur Convention Centre "La Nuvola" and Hotel, Rome, Italy

New Headquarters Regione Piemonte, Turin, Italy, ongoing

Euromed Centre, Marseille, France, ongoing

Is Molas Golf Resort, Pula (Cagliari), Italy, ongoing

Rhike Park—Music Theatre and Exhibition Hall, Tbilisi, Georgia, ongoing

Guosen Securities Tower, Shenzhen, China, ongoing

Beverly Center Renovation, Los Angeles, United States, ongoing

2014 Australia Forum, Canberra, Australia, won competition

Bory Mall - Shopping Center, Bratislava, Slovakia

2013 Shenzhen Bao'an International Airport, Terminal 3, Shenzhen, China

Business Garden Warszawa Hotel, Warsaw, Poland

Refurbishment of the Ex "Unione Militare" Building, Rome, Italy

National Archives of France in Pierrefitte sur Seine-Saint Denis, Paris, France

CBD Cultural Center, Beijing, China, won competition

Baricentrale railway area, Bari, Italy, won competition

Moscow Polytechnic Museum and Educational Centre, Moscow, Russia, won competition

2012 Tbilisi Public Service Hall, Tbilisi, Georgia

Hotel-Business Management School Georges-Frêche, Montpellier, France

Chengdu Tianfu Cultural and Performance Centre, Chengdu, China, won competition

2011 Touristical Harbour, Castellammare di Stabia (Naples), Italy

Palatino Centre, Turin, Italy

2010 Lyon Islands, Lyon, France

Admirant Entrance Building, Eindhoven, the Netherlands

2009 Peres Peace House, Jaffa, Tel Aviv, Israel

18.Septemberplein, Eindhoven, the Netherlands

Scenography for Medea and Edipo a Colono, Greek Theatre, Sirac, United States

St. Paolo Parish Complex, Foligno, Italy

MyZeil Shopping Mall, Frankfurt, Germany

Armani Fifth Avenue, NYC, United States

Residential Complex Duca d'Aosta, Brescia, Italy

2008 Mainz Markthäuser 11-13, Mainz, Germany

Zenith Music Hall, Amiens, France

Zenith Music Hall, Strasbourg, France

De Cecco Headquarters, Pescara, Italy

Expansion of the Istituto Italiano di Cultura in San Paolo, Brazil, commission

Residential Requalification Damecuta, Capri, Italy, ongoing

2007 Armani Ginza Tower, Tokyo, Japan

Requalification of Thermal Complex, Montecatini Terme (Pistoia), Italy, on going

Palazzo Canossa, Mantova, Italy, ongoing

2005 New Milan Trade Fair, Rho-Pero, Milan, Italy

Media Markt, Eindhoven, the Netherlands

Europark 2, Salzburg, Austria

Etnapolis, Belpasso (Catania), Italy

Two Housing Towers, Milan, Italy

Naples Subway-Duomo Station, Naples, Italy, ongoing

2004 Nardini Research Centre and Auditorium, Bassano del Grappa, Vicenza, Italy

Ferrari Headquarters and Research Centre, Maranello, Modena, Italy

Shopping Mall 'La Piazza,' Eindhoven, Netherlands

Palalottomatica Façade, Rome, Italy

2002 Armani Chater House, Hong Kong, China

Hanseforum Offices, Hamburg, Germany

Asterfleet, Hamburg, Germany

2001 Twin Towers, Wien, Austria

Lycée Maximilien Perret, Alfortville, France

Îlot Cantagrel, Paris, France

Parc du Chateau Horse Center, Tremblay, France

2000 Tuscolano Museum—Refurbishment of the ex 'Scuderie Aldobrandini' Building, Frascati, Italy

1999 Maison des Arts—University Michel Montaigne, Bordeaux, France

1997 Europark 1, Salzburg, Austria

La Garenne—Residential Complex, Clichy-la-Garenne, France

1996 Îlot Candie Saint-Bernard, Paris, France

UFR de Droit et Sciences Economique, Limoges, France

1995 Cemetery extension, Paliano, Italy

Cemetery extension, Civita Castellana, Italy

1994 UFR University of Humanistic formation and research, Brest, France

1993 Musée des Graffiti, Niaux, France

Conference Hall Actuel, Paris, France

Saint Exupery School, Noisy le Grand, France

Couvent des Penitents, Rouen, France

Studio Fuksas, Rome, Italy

1992 Cemetery, Civita Castellana, Italy

Town Hall and Parking, Orly, France

1991 Médiateque, Library and Research Center, Rezé, France

Maison de la Communication et du Câblage, l'Edison, Saint-Quentin-en-Yvelines, France

Cultural Center and Masterplan, Quimper, France

Cemetery extension, Orvieto, Italy

1990   University facilities, Nîmes

New Town Hall, Cassino, Italy

Renovation Hospital Hotel Dieu, Chartres, France

1988   San Giorgetto Primary and High School, Anagni, Italy

1987   Student Residences, Hérouville-Saint-Claire, France

1985   Gymnasium, Paliano, Italy

1984   Cemetery, Orvieto, Italy

Social Housing, Paliano, Italy

1983   Cooperative Esperanza, Rome, Italy

1982   Nursery School, Tarquinia, Italy

1980   Residential Complex Ernica, Anagni, Italy

Cemetery, Paliano, Italy

1978   Park of the fountain of the diable, Paliano, Italy

1973   Sport Palace, Sassocorvaro, Italy

设计精选

2016   *Nuvola,* lamp for iGuzzini

Olympia, lamp for Nemo Lighting

2015   *Angelinah Collectio,* creative wallcoverings for Glamora

Minah Collection for Meritalia

Charlotte & Chantal, lamps for Slamp

Baby Dolly, chair for Baxter

Colombina Collection for Alessi

2014   *Mary, mirror* for Fiam

Zoe, lamp for Venini

I Massivi, furniture for Itlas

Roy, table for Fiam

Gipsy, jewellery collection for Sicis

2013   *Theresia, espresso machine* for Victoria Arduino

Dolly and Molly, armchairs for Baxter

Rosy and Lucy, mirrors for Fiam

Candy Collection, lamps for Zonca

2012   *Carla, auditorium seat* for Poltrona Frau

Aldo, vase for Alessi

2011   *Impronta, wash-basin, shower and furniture* for Catalano

Moony, chandelier for La Murrina

Wave, door and window handle for Fusital

Nina, wall unit for Zeus Noto

Baby, candle-holder and citrus basket for Alessi

2010   *Zyl, lamp* for iGuzzini

Zouhria, vase for Alessi

Carmen, handle for Manital

2009   *Tommaso, table* for Zeus Noto

2008   *Mumbai, furniture* for Haworth Castelli

Carolina, armchair for Poltrona Frau

2007   *Silver Set, carafe and glasses* for Sawaya&Moroni

Sit-Sat, seat for Sawaya&Moroni

2006   *Islands, collection of furniture and jewellery in collaboration with the artist Mimmo Paladino* for Short Stories

Bollards for Orsogril

Bea, office chair for Luxy

2005   *Mao Mao, tray* for Alessi

Couple of vases Eli-li for Alessi

Auditorium seat BiBi for Poltrona Frau

2004   *Bianca chair and Bianco bar stool* for Zeus Noto

2003   *Tea and coffee towers* for Alessi

Lavinia, lamp for iGuzzini

2002   Blu Mountains, handles for Valli&Valli

2000   Ma-Zik, tables for Saporiti

主要展览

2014   *Where Architects Live,* Salone Internazione del Mobile, Milan, Italy

2013   *Asia,* installation in turkish marble for the exhibition 'Bathing in Light' at the Art Garden of Superstudio Più, Fuori Salone Internazionale del Mobile, Milan, Italy

Dieu(x), modes d'emploi, Petit-Palais—Musée des Beaux Arts de la Ville de Paris, Paris, France

2011   *Verso Est. Chinese Architectural Landscape,* Museo MAXXI in Rome, Italy

2009   Urban Solution, New Trade Fair, Rho-Pero in Milan, Italy

2008   *Kensington Gardens,* XI International Architecture Exhibition in Venice, Italy

Short Stories, Aldobrandini Stables, Frascati, Rome, Italy

Napolincroce, Donnaregina Contemporary Art Museum, Naples, Italy

Deep Purple, Triennale, Milan, Italy

Gioiello Italiano Contemporaneo, tecniche e materiali tra arte e design, Villa Valmarana, Vicenza, Castello Sforzesco, Milan, Italy

2007   Prototype of house—*Construmat,* Barcelona, Spain

MFuksasD. Un sessantesimo di secondo, MAXXI Museum, Rome, Italy

2005   *5 + 5 = 5—5 anni 5 progetti,* Aldobrandini Stables, Frascati, Rome, Italy

2004   *Forma: La città moderna e il suo passato,* Colosseum, Rome, Italy

2002   *Interiors in piazza—La capsula abitabile,* Milan, Italy

2000   *Eur floating space,* Palazzo delle Esposizioni, Rome, Italy

Occhi chiusi aperti, Esprit Nouveau Pavillion, Bologna, Italy

2000   *Less Aesthetics, More Ethics,* VII International Architecture Exhibition in Venice, Italy

Third Millennium House Study, Bologna, Italy

1996   *One.Zero,* Architectural Association School of Architecture, London, England

1995   *MFuksas.* Tutte le strade portano a Roma, Berlin, Germany

Massimiliano Fuksas, Klagenfurt, Austria

1994   Downtown *MFuksas,* Limoges, France

MFuksas, Wien, Austria

1992   *Haute Tension,* IFA—Institut Français d'Architecture, Paris, France

Haute Tension 2, Buro & Design Centre, Bruxelles, Belgium

1991   *Mistery* Train, Yamagiwa Inspiration Gallery, Tokyo, Japan

Architectures 1971–1983, Lille, France

1990   *MFuksas* Blue Town, Rome, Italy

1989   *Villa Medici Grands Projets,* Rome, Italy

照片版权信息

项目列表

阿玛尼银座塔（日本东京）182—9

阿德米兰特购物中心入口（荷兰埃因霍温）100—9

采尔购物中心（德国法兰克福）118—31

德科集团总部（意大利佩斯卡拉）176—81

第比利斯公共服务大厅（格鲁吉亚第比利斯）72—9

第五大道阿玛尼店（美国纽约）110—17

法国国家档案馆（法国圣丹尼斯）62—71

法拉利总部及研究中心（意大利摩德纳）220—9

莱克公园音乐厅及展览厅（格鲁吉亚第比利斯）22—9

里昂岛（法国里昂）92—9

美因茨市场公寓11—13（德国美因茨）156—63

纳尔迪尼研究中心及礼堂（意大利巴桑诺德尔格拉帕）208—19

佩雷斯和平之家（以色列特拉维夫）144—55

前联合部队大楼修复工程（意大利罗马）52—61

乔治斯弗雷切酒店管理学院（法国蒙彼利埃）80—91

商务花园华沙酒店（波兰华沙）44—51

深圳宝安国际机场，3号航站楼（中国深圳）30—43

圣保罗教堂（意大利福利尼奥）132—43

双子塔（奥地利维也纳）238—43

斯特拉斯堡天顶音乐厅（法国斯特拉斯堡）164—9

涂鸦博物馆入口（法国阿列日省）244—7

香港遮打大厦阿玛尼店（中国香港）230—7

新罗马会议中心及"云"酒店（意大利罗马）12—21

新米兰贸易博览馆（意大利米兰）190—207

亚眠天顶音乐厅（法国亚眠）170—5